美丽浙江 地质环境资源

MEILI ZHEJIANG
DIZHI HUANJING ZIYUAN

◎ 万治义 胡艳华 编著

中国地质大学出版社
ZHONGGUO DIZHI DAXUE CHUBANSHE

图书在版编目(CIP)数据

美丽浙江·地质环境资源/万治义,胡艳华编著. —武汉:中国地质大学出版社,2021.12
ISBN 978-7-5625-5134-8

Ⅰ.①美…
Ⅱ.①万… ②胡…
Ⅲ.①地质环境-浙江
Ⅳ.①X141

中国版本图书馆 CIP 数据核字(2021)第 240894 号

美丽浙江·地质环境资源		万治义　胡艳华　编著
责任编辑:郑济飞	选题策划:谢媛华	责任校对:张咏梅
出版发行:中国地质大学出版社(武汉市洪山区鲁磨路388号)		邮政编码:430074
电　　话:(027)67883511	传真:(027)67883580	E-mail:cbb@cug.edu.cn
经　　销:全国新华书店		http://cugp.cug.edu.cn
开本:787毫米×960毫米 1/16	字数:285千字	印张:11.25
版次:2021年12月第1版	印次:2021年12月第1次印刷	
印刷:武汉中远印务有限公司		
ISBN 978-7-5625-5134-8		定价:68.00元

如有印装质量问题请与印刷厂联系调换

《美丽浙江·地质环境资源》

编委会

主　　任：龚日祥

副 主 任：王孔忠

主　　编：万治义

副 主 编：胡艳华　林清龙

成　　员：齐岩辛　张岩　陈美君　梁灵鹏　黄卫平
　　　　　彭振宇　潘涛

特别顾问：胡济源

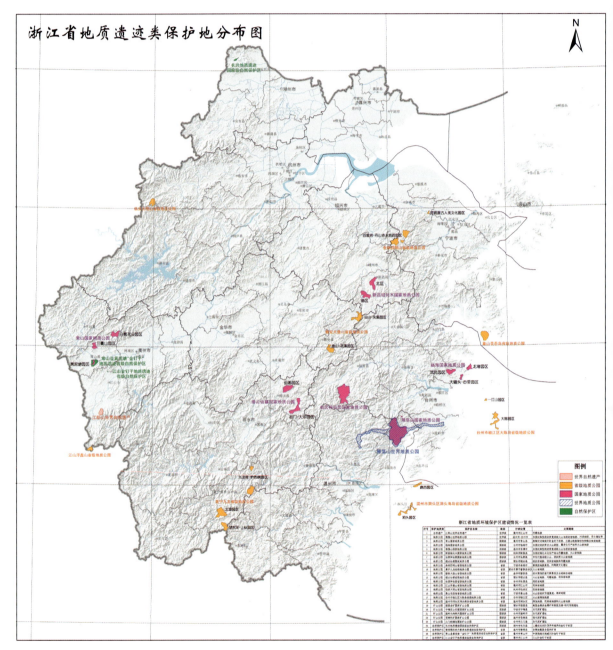

前言

　　浙江省濒临东海,地处长三角南翼,陆域面积约 10.18 万 km^2,区域上跨越扬子和华夏两大古陆,经历了早元古代和中晚元古代大陆聚合与裂解过程,由北东向区域性江山—绍兴拼合带奠定了统一大陆的雏形。省内由北而南依次坐落天目山脉、仙霞岭山脉、天台山脉、括苍山脉、雁荡山脉和洞宫山脉等,亦是省内主干水系的分水岭,相间分布众多中生代红层盆地和沿海新生代冲积平原,素有"七山一水二分田"之称。大陆海岸线总长 2200 余千米,曲折的岩质岸与平直的泥质海岸相间出现,与 3000 多个岛屿构成了浙江美丽的滨海风景带。特殊的地质地貌背景和地理区位,造就了浙江省丰富的地质环境资源,已查明地质遗迹资源 900 余处,其中省级及以上 290 余处;研究发现长兴煤山、乐清雁荡山、舟山群岛等多处具有极高科学、美学和开发利用价值的地质遗迹集中分布区,其中地层剖面、地貌景观、古生物和采矿遗址景观等地质遗迹资源在国内占有重要地位,得到了国内外广泛关注与认可。

　　稀有珍贵的地质环境资源,不仅是一笔巨大的物质财富,更是一笔可贵的精神财富,在浙江省旅游资源中占有重要地位,为浙江省生态文明建设起到了积极的推动作用,是美丽浙江建设的重要组成部分。近 20 年,随着世界地学旅游的兴起,浙江省地质环境资源调查评价与开发利用迅速发展,相继开展了 70 余项区域性地质遗迹调查评价工作,陆续建设完成江郎山世界自然遗产、雁荡山世界地质公园、遂昌金矿国家矿山公园和长兴地质遗迹国家级自然保护区等自然保护地 23 处,发布重要地质遗迹保护地(点)157 处,成功探索并实践地质文化村(镇)建设,由世界级、国家级、省级 3 个层级的地质公园(矿山公园、自然保护区)以及重要地质遗迹保护点(地质文化村)构成的全省地质遗迹保护网络初步形成,在推动我省地质环境资源保护、普及地球科学知识、促进地方旅游业发展中发挥了重要作用。

为展示浙江地质奇观，普及地学知识，加强地质环境资源保护与地质文化宣传，笔者在系统总结全省地质遗迹资源分布特征的基础上，整合分析全省以地质遗迹资源为主体建设的自然保护地、发掘出土的古生物化石、勘探查明的热矿水等成果资料，编纂完成《美丽浙江·地质环境资源》科普图书。该书重点阐述浙江省各类地质环境资源特点和开发利用与保护现状。全书共分7章：第1章概述了浙江省地质背景、地质环境资源、保护与开发历程以及取得的成果；第2～7章分别介绍了浙江省自然遗产、地质公园、矿山公园、地质遗迹自然保护区、古生物化石、温泉等自然资源及其保护功能区，对各类型的主要资源作了详细描述和展示，并在每个章节之后设置与之关联的"科普站台"，对相关专业词汇进行解读，对存在的疑惑进行解答，增强了本书的科普性和趣味性。

编著者

2021年10月1日

目 录

1 概 述 ……………………………………………………………………… (1)
   1.1 区位地理 …………………………………………………………… (1)
   1.2 地质简史 …………………………………………………………… (1)
   1.3 地质环境资源 ……………………………………………………… (2)
2 浙江自然遗产 …………………………………………………………… (5)
3 浙江地质公园 …………………………………………………………… (12)
   3.1 雁荡山世界地质公园 ……………………………………………… (12)
   3.2 常山国家地质公园 ………………………………………………… (19)
   3.3 临海国家地质公园 ………………………………………………… (24)
   3.4 新昌硅化木国家地质公园 ………………………………………… (29)
   3.5 景宁九龙省级地质公园 …………………………………………… (34)
   3.6 余姚四明山省级地质公园 ………………………………………… (37)
   3.7 磐安大盘山省级地质公园 ………………………………………… (41)
   3.8 仙居神仙居国家地质公园 ………………………………………… (45)
   3.9 缙云仙都国家地质公园 …………………………………………… (48)
   3.10 江山浮盖山省级地质公园 ………………………………………… (53)
   3.11 临安大明山省级地质公园 ………………………………………… (56)
   3.12 象山花岙岛省级地质公园 ………………………………………… (61)
4 浙江矿山公园 …………………………………………………………… (65)
   4.1 遂昌金矿国家矿山公园 …………………………………………… (65)
   4.2 温岭长屿硐天国家矿山公园 ……………………………………… (70)

  4.3 宁波伍山海滨石窟国家矿山公园 ……………………………………… (77)

5 浙江地质遗迹自然保护区 …………………………………………………… (83)
  5.1 长兴国家级地质遗迹自然保护区 ……………………………………… (83)
  5.2 泰顺承天氡泉省级自然保护区 ………………………………………… (90)
  5.3 常山黄泥塘"金钉子"省级地质遗迹自然保护区 ……………………… (93)
  5.4 江山阶"金钉子"省级地质遗迹自然保护区 ………………………… (101)

6 浙江古生物化石 ……………………………………………………………… (106)
  6.1 震旦纪叠层石礁 ………………………………………………………… (110)
  6.2 寒武纪—奥陶纪三叶虫化石 …………………………………………… (113)
  6.3 奥陶纪笔石化石 ………………………………………………………… (115)
  6.4 奥陶纪腕足类化石 ……………………………………………………… (117)
  6.5 二叠纪头足类菊石化石 ………………………………………………… (119)
  6.6 二叠纪—三叠纪鱼类化石 ……………………………………………… (121)
  6.7 侏罗纪植物化石 ………………………………………………………… (124)
  6.8 白垩纪恐龙化石 ………………………………………………………… (126)
  6.9 白垩纪恐龙蛋化石 ……………………………………………………… (130)
  6.10 白垩纪翼龙及鸟类化石 ……………………………………………… (135)
  6.11 白垩纪恐龙、翼龙和鸟类脚印化石 ………………………………… (137)
  6.12 白垩纪鱼类化石 ……………………………………………………… (139)
  6.13 白垩纪植物化石 ……………………………………………………… (142)
  6.14 第四纪生物化石 ……………………………………………………… (144)

7 浙江温泉 ……………………………………………………………………… (147)
  7.1 武义中国温泉城 ………………………………………………………… (147)
  7.2 宁海森林温泉 …………………………………………………………… (151)
  7.3 泰顺承天温泉 …………………………………………………………… (152)
  7.4 临安湍口温泉 …………………………………………………………… (153)
  7.5 嘉兴云澜湾温泉 ………………………………………………………… (154)
  7.6 嘉兴清池温泉 …………………………………………………………… (155)

主要参考文献 ……………………………………………………………………… (157)

附件 ………………………………………………………………………………… (164)

后记 ………………………………………………………………………………… (168)

1 概 述

1.1 区位地理

浙江地处中国东南沿海长江三角洲南翼,东临东海,南接福建,西与江西、安徽毗连,北与上海、江苏为邻。地跨北纬 27°02′—31°11′,东经 118°01′—123°00′。陆域面积 $10.18 \times 10^4 \mathrm{km}^2$,是中国陆域面积最小的省份之一。全省海域辽阔,岛屿众多,海岸线曲折。海域面积达 $26 \times 10^4 \mathrm{km}^2$,岛屿总数位居全国之首。因省内最大的河流——钱塘江,江流曲折,故称浙江,简称"浙",省会杭州市。

浙江处于欧亚大陆与西北太平洋的过渡地带,地形复杂,山多地少,形成了自西南向东北倾斜、呈阶梯下降的总体地势格局。总体地形可分为浙北平原区、浙西中山丘陵区、浙东盆地低山区、浙中丘陵盆地区、浙南中山区和沿海(半岛、岛屿)丘陵平原区。

1.2 地质简史

浙江地处东亚大陆边缘,横跨两个大地构造单元,以江山—绍兴拼合带为界,发育了两套截然不同的地层,拼合带西北侧(浙西北)主要为古生代沉积岩分布区(扬子古陆下扬子东南边缘区),拼合带东南侧(浙东南)大部分为中新生代火山岩覆盖(华夏造山带区)。

浙西北是浙江省地层发育最齐全的区域,从古老的元古宙至今,各类地层都有沉积,总厚度达数万米。从元古宙到新生代中期的 10 多亿年中,浙西北多次长时间处于一片汪洋大海之中,故以海洋沉积为主。其间,地壳发生频繁的震荡,时而上升为陆,时而下沉为海,先后出露海平面达 11 次之多。其中,早、中泥盆世曾遭受较长时间的抬升剥蚀。从元古宙开始,藻类植物相当发育,至中古生代向蕨类进化,裸蕨植物向蕨类植物发展,出现了成片的森林、沼泽,形成了含煤地层。从泥盆纪开始,出现了鱼类,随后进化为两栖动物。三叠纪中期海相沉积了碳酸盐岩,陆相沉积了含煤地层。侏罗纪—白垩纪以强烈岩浆活动、火山喷发堆积和盆地河湖堆积为主,局部形成含煤地层,裸子植物向被子植物进化,陆上爬行动物以及水中双壳类、介形类、叶肢介类、鱼类等处于鼎盛时期,在衢州、龙游、江山等地的白垩纪地层中发现恐龙化石及恐龙蛋化石。第四纪山地丘陵区为河流冲(洪)积层,沿海为海陆交互沉积层,并进入人类活动时期,浙江建德发现智人阶段的"建德人"古人类化石。

浙东南的地质发展历史,与浙西北相比较为简单。元古代—奥陶纪沉积了一套多岛洋盆和活动大陆边缘的深海—半深海火山沉积地层。晚奥陶世—早志留世多岛洋转化为陆地。在志留纪至中三叠世的漫长地质历史时期中,绝大部分地区遭受风化剥蚀,部分地区岩浆岩入侵,零星出露石炭纪—二叠纪滨海型沉积的石英砂岩、白云岩、泥岩和含煤地层,侏罗纪早中期局部堆积有河湖相沉积。侏罗纪晚期—白垩纪是岩浆侵入和火山活动的鼎盛时期,火山岩分布面积近 $4\times10^4\,\mathrm{km}^2$,厚度达数千米,基本覆盖了浙东南地区。白垩纪形成的断陷盆地,在强烈的氧化环境下沉积了数百米厚的红色砂砾岩,最深的红色砂砾岩沉积厚度达数千米,成为丹霞地貌发育的物质基础。当时因气候温暖、潮湿,有机物丰富,生物繁衍,在新昌、天台、临海、缙云、丽水、东阳、仙居等地的恐龙、翼龙繁生。侏罗纪末—白垩纪的构造运动基本奠定了浙东南各地层和地貌形态的构造格局,以北东向和北北东向的断裂构造为主,并伴有水平挤压运动和配套的北西向断裂。其后的古近纪、新近纪和第四纪虽有地壳的抬升,但未改变上述构造格局。

纵观浙江省地质发展历史,浙西北是沉积岩和北东向褶皱构造发育区,伴有部分火山岩和花岗岩分布,地质构造控制主干河流钱塘江和富春江,呈北东向,支流呈北西向或北东向,是岩溶地貌、花岗岩地貌景观发育区。浙东南是火山岩、花岗岩和红层断陷盆地发育区,北东向断裂控制了海岸线、海岛和海湾以及甬江的干流,北西向断裂控制了瓯江、灵江、飞云江等干流。

1.3 地质环境资源

浙江旅游资源非常丰富,自然风光与人文景观交相辉映,有"鱼米之乡、丝茶之府、文物之邦、旅游胜地"之称。

1 概 述

本书提出的地质环境资源,主要是指从地质环境角度出发,人类用于保护与开发利用的自然资源,即地质遗迹资源,是省内旅游资源的重要组成部分。初步统计数据表明,浙江省内地质遗迹涵盖地质剖面、地质构造、古生物、矿物与矿床、地貌景观、水体景观和环境地质遗迹景观八大类,总计地质遗迹资源900余处,其中国家级以上90余处,约占10%。

为了便于读者了解浙江精品地质环境资源,本书汇编了省内已建成的地质环境保护区、温泉及重要古生物化石种类,以供读者旅游和科学考察时使用。

地质环境保护区分为4类自然遗产:世界自然遗产、地质公园、矿山公园和地质遗迹自然保护区。截至2016年底,浙江已建成世界自然遗产1处、世界级地质公园1处、国家级地质公园5处、省级地质公园6处、国家级矿山公园3处、国家级地质遗迹自然保护区1处、省级地质遗迹自然保护区3处(表1.1)。

温泉主要介绍浙江省内开发利用较好的温泉资源,包括武义中国温泉城、宁海森林温泉、泰顺承天温泉、临安湍口温泉、嘉兴清池温泉等取得"浙江温泉"标志的温泉。

古生物化石主要介绍浙江省内特色的、国内典型的古生物化石产地和化石,包括江山新塘坞叠层石礁、丽水浙江龙、礼贤江山龙、建德生物群、余杭狮子山腕足动物群等10多处精品古生物化石点。

表1.1 浙江省地质环境保护区建设情况一览表(截至2016年底)

保护区类别	保护区名称	级别	行政位置	面积/km²	开园时间	主要遗迹
世界自然遗产	江郎山世界自然遗产	世界级	衢州江山	11.81	—	丹霞地貌
地质公园	雁荡山世界地质公园	世界级	温州台州	298.8	2007.6	白垩纪典型流纹质复活破火山剖面、火山岩地貌景观、风景河段与采矿遗址景观
	常山国家地质公园	国家级	衢州常山	40.174	2004.1	奥陶纪达瑞威尔阶"金钉子"、晚奥陶世生物礁及岩溶地貌
	临海国家地质公园	国家级	台州临海	38.60	2003.2	白垩纪流纹质古火山剖面、翼龙化石产地和火山岩地貌
	新昌硅化木国家地质公园	国家级	绍兴新昌	60.26	2006.4	白垩纪硅化木化石产地、丹霞地貌与火山岩地貌
	景宁九龙省级地质公园	省级	丽水景宁	98.88	2011.7	火山岩地貌、流水侵蚀地貌景观与高山沼泽湿地
	余姚四明山省级地质公园	省级	宁波余姚	61.7	2012.5	剥夷面构造地貌、河姆渡古人类活动遗迹

续表1.1

保护区类别	保护区名称	级别	行政位置	面积/km²	开园时间	主要遗迹
地质公园	磐安大盘山省级地质公园	省级	金华磐安	50.84	2013.12	壶穴群、台地峡谷流水侵蚀地貌
	仙居神仙居国家地质公园	国家级	台州仙居	101.65	—	典型白垩纪流纹质复活破火山剖面、火山岩地貌
	缙云仙都国家地质公园	国家级	丽水缙云	68.04	—	火山岩地貌、丹霞地貌、花岗岩地貌
	江山浮盖山省级地质公园	省级	衢州江山	9.41	2018.10	花岗岩地貌
	临安大明山省级地质公园	省级	杭州临安	20.17	2017.10	花岗岩地貌
	象山花岙岛省级地质公园	省级	宁波象山	35.70	建设中	火山岩柱状节理地貌、海蚀及海积地貌
矿山公园	遂昌金矿国家矿山公园	国家级	丽水遂昌	33.6	2007.12	典型金银多金属矿床剖面、唐—明代采银遗址
	温岭长屿硐天国家矿山公园	国家级	台州温岭	10.09	2010.9	古代采矿遗址
	宁波伍山海滨石窟国家矿山公园	国家级	宁波宁海	18.12	2013.6	古代采矿遗址
地质遗迹自然保护区	长兴地质遗迹国家级自然保护区	国家级	湖州长兴	2.75	—	二叠—三叠系"金钉子"，二叠系长兴阶"金钉子"
	泰顺承天氡泉省级自然保护区	省级	温州泰顺	18.97	—	含氡硅氟复合型热矿泉
	常山黄泥塘"金钉子"地质遗迹省级自然保护区	省级	衢州常山	20.12	—	中奥陶统达瑞威尔阶"金钉子"
	江山阶"金钉子"地质遗迹省级自然保护区	省级	衢州江山	0.228 7	—	寒武系江山阶"金钉子"

2 浙江自然遗产

　　江郎山世界自然遗产位于浙江省衢州江山市石门镇内，距市区约20km，是一处优美的、典型的丹霞地貌景观。2010年，江郎山世界自然遗产与中国南方的其他5处（贵州赤水、湖南崀山、广东丹霞山、福建泰宁、江西龙虎山）丹霞地貌景观一起，被列入世界自然遗产名录，成为浙江省第一项世界自然遗产，亦是长三角地区第一项世界自然遗产。作为世界自然遗产"中国丹霞"的系列组成地之一，江郎山为"中国丹霞"提供了世界罕见的绝妙砾岩孤峰景观。南宋词人辛弃疾游江郎山后，赋诗"三峰一一青如削，卓立千寻不可干。正直相扶无依傍，撑持天地与人看"，赞其雄伟壮丽。

　　江郎山的丹霞地貌以三爿石峰丛、一线天巷谷和三爿石构成的丹霞石墙最具特色。江郎山丹霞地貌不仅集"奇、险、陡、峻"于三石，聚"岩、洞、云、瀑"于一山，雄伟奇特，蔚为壮观，而且群山苍莽，林木叠翠，窟隐龙潭，泉流虎跑，风光旖旎。每当云雾弥漫、烟岚迷乱、霞光陆离，常凝天、山于一色，融云、峰于一体。

　　三爿石是江郎山三座岩墙式的巨大石峰，突起于500m左右的山顶之上，呈"川"字排列，从北东到南西依次称为郎峰（819.1m）、亚峰（737.4m）、灵峰（768.0m），其中郎峰相对高度达268～319m，被认为是一处具有罕见自然美的绝妙地貌奇观。三峰平面长180～380m，两座石墙宽仅为15～50m。郎峰是三峰中最高大的一块，四周皆为丹崖赤壁，丹崖高度除登天坪一处为225.0m之外，其他皆为300～369m，挺拔巍峨，也是迄今已知的世界上最高的砾岩孤峰。"雄奇冠天下，秀丽甲东南"的三爿石，于群山之巅拔地而起，摩天插云、移步换景，蔚为壮观，享有"神州丹霞第一奇峰"之美誉。

世界自然遗产江郎山三爿石孤峰景观

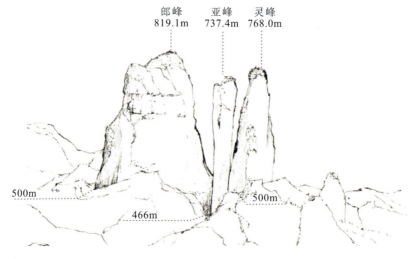

江郎山三爿石宏观形态及主要特征点的海拔(许红根,2012)

2 浙江自然遗产

一线天巷谷是介于亚峰和灵峰之间的深窄陡直峡谷,长 308m,高 298m,两壁平行,其间距在大部分区域里保持在 3.5~5.0m,顶部张开 25m 左右,如刀削斧劈,给人以无与伦比的雄伟气势,被著名的丹霞地貌专家黄进教授誉为"中国丹霞一线天之最"。置身其间,仰视云汉,茫茫天宇竟成一弯残月,浩浩碧空仅剩一线余光,素有"移来渤海三山石,界断银河一字天"之说。一年四季之中,一线天巷谷景色又各具神韵,每遇春夏之交,暴雨倾注,亚峰绝壁外侧便水帘轻泻,故称"天降垂帘";而至隆冬腊月,岩顶垂下数千水柱,晶莹剔透,更为壮观。

江郎山小弄峡一线天巷谷景观

江郎山丹霞发育经历了峡口盆地的形成、红层沉积、盆地抬升、断裂变动、外动力侵蚀、地貌老年化、再次间歇性抬升等一系列过程。首先,在白垩纪形成岩石基础,之后沿着断层断陷,形成一个盆地,在盆地里堆积砾石固结成为砾岩;然后,砾岩在地壳运动中产生多个方向的裂隙,特别是三爿石所在位置,产生了两个裂隙带,把砾岩层分隔为三块(那时候还在地面下);接着,在新生代完成了地貌的塑造,古近纪和新近纪时地壳抬升遭受剥蚀,大约 1000 万年前,三爿石已接近地表。在上新世,江郎山三爿石再次抬升遭受剥蚀,并被剥蚀出来立在平原残丘上。到了更新世,由于地壳再次上升,江郎山被抬升到山顶上。所以江郎山是一处典型的老年化丹霞地貌,亦是在后期构造运动中被抬升的高位丹霞孤峰,具有独特的地球科学价值和地貌演化的模式意义。

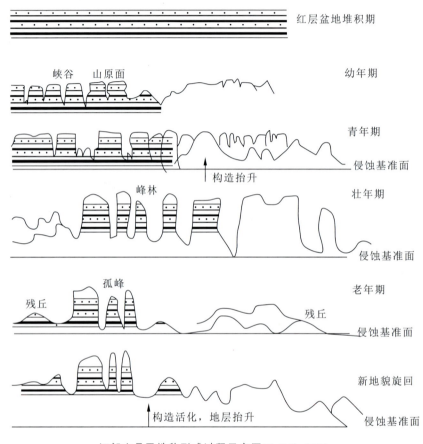

江郎山丹霞地貌形成过程示意图(朱诚等,2009)

江郎山开发始于晋代,寺庙的建设可上溯至唐代,历代帝王曾数次为之题额赐匾,并在此封侯,其秀丽雄姿为众多名人所爱慕。唐代名相姚崇、张九龄曾为江郎山作赞美诗;大诗人白居易更是"安得此身生羽翼,与君往来醉烟霞";江山宿儒祝东山,长期隐居江郎,设馆讲学。

宋代以来,江郎山人文鼎盛,游江郎之名士为数更众。南宋词人辛弃疾游江郎山后,赋诗赞其雄伟壮丽。陆游面对"三峰杰立插云间"的江郎山,抒发了诗人暮年壮志

2 浙江自然遗产

不已的爱国热情。王安石、毛滂曾就读于仙居寺,而名士王禹偁、吕公著、王旦、赵抃、文彦博、沈九如等也曾赋诗赞美江郎山胜景。明代大地理学家徐霞客,曾三游江郎山,在游记中给予江郎山胜景极高的评价。

新中国成立初期,江郎山景区未进行开发;直到1985年,江郎山被浙江省人民政府列入第一批省级风景名胜区后,才开始进行有目的地保护和有计划地开发;2002年5月,江郎山入选第四批国家重点风景名胜区,风景区面积约11.81km²;2005年,又入选国家AAAA级旅游景区;2010年8月,在巴西利亚举行的第34届世界遗产大会将"中国丹霞"正式列入《世界遗产名录》,联合申报该项目的江郎山名列其中;2017年2月,江郎山——廿八都旅游区入选国家AAAAA级旅游景区。

世界自然遗产江郎山主碑

◎ 什么是世界遗产?

世界遗产是一项由联合国支持、联合国教育科学文化组织(简称联合国教科文组织)负责执行的国际公约建制,以保存对全世界人类都具有杰出普遍性价值的自然或文化处所为目的。世界遗产分为自然遗产、文化遗产和复合遗产三大类。国际文化纪念物与历史场所委员会等非政府组织作为联合国教育科学文化组织的协力组织,参与世界遗产的甄选、管理与保护工作。

世界遗产标志

◎ 什么是世界自然遗产?

《保护世界文化和自然遗产公约》规定,属于下列内容之一者,可列为自然遗产:

(1)从美学或科学角度看,具有突出、普遍价值的由地质和生物结构或这类结构群组成的自然面貌;

(2)从科学或保护角度看,具有突出、普遍价值的地质和自然地理结构以及明确划定的濒危动植物物种生态区;

(3)从科学、保护或自然美角度看,具有突出、普遍价值的天然名胜或明确划定的自然地带。

◎ 什么是丹霞地貌?

丹霞是在地壳运动中局部被抬升并受密集断裂深切的厚层陆相红层被流水侵蚀,并在风化、溶蚀、搬运等外动力共同作用下,塑造成以赤壁丹崖为特征的群峰耸峙、峡谷深切、风景优美的一种特殊地貌。在形态上表现为方山、单面山、石墙、石柱、天生桥、洞穴、石巷、突岩、奇峰及其组合。

2　浙江自然遗产

◎ **白垩纪是什么时期？**

白垩纪因欧洲西部该年代的地层主要为白垩纪沉积而得名，是地质年代中生代的最后一个纪，长达 8000Ma，是显生宙最长的一个阶段。白垩纪位于侏罗纪和古近纪之间，距今约为(145～66)Ma。发生在白垩纪末的灭绝事件，是中生代与新生代的分界。白垩纪的气候相当暖和，海平面变化大。陆地生存着恐龙，海洋生存着海生爬行动物、菊石以及厚壳蛤。新的哺乳类、鸟类开始出现。白垩纪末期大灭绝事件是地质年代中最严重的大规模灭绝事件之一，包含恐龙在内的大部分物种灭亡。

3 浙江地质公园

3.1 雁荡山世界地质公园

雁荡山世界地质公园为亚洲大陆边缘白垩纪火山地质遗迹的杰出代表,由雁荡山园区、方山-长屿硐天园区、楠溪江园区组成,总面积298.8km²,是亚洲大陆边缘巨型火山岩带中白垩纪(距今约1亿多年)破火山的杰出代表,被誉为流纹质火山岩的天然博物馆。2004年3月,雁荡山地质公园获得批准成为国家地质公园;2005年2月12日,经联合国教科文组织批准进入世界地质公园网络,成为全球第一个以中生代火山岩地貌景观为主体的世界地质公园。联合国教科文组织地学部主任伍德尔博士,在实地考察评估雁荡山世界地质公园后给予了极高的评价,题词赞曰:"雁荡山世界地质公园,是岩石、水与生命的交响曲,乃世界一大奇观。"

雁荡山园区 位于温州乐清市境内,濒临东海乐清湾,为我国著名的滨海山岳风景名胜区,属中生代火山岩地貌景观,因"上有水荡,惟雁宿焉"得名。园区划分为灵峰、灵岩、大龙湫、三折瀑、雁湖、显胜门、仙桥、羊角洞等景区,以锐峰、叠嶂、怪洞、石门、飞瀑称奇于世。这里的一山一石记录了一座白垩纪复活型破火山的形成演化历史。

雁荡山园区不类他山而有独特的品格,因"日景耐看,夜景消魂""一景多变,移步换景,昼夜变幻,造型动人",素有"寰中绝胜""天下奇秀"的美誉。古人云:"不游雁荡是虚生。"今人又云:"不游夜雁荡是虚生。"雁荡山开发始于南北朝,兴于唐朝,盛于宋朝,淀积了千年山水文化与宗教文化。沈括、徐霞客等数百位历史名人登山览胜,留下了宝贵的文化遗产。

3　浙江地质公园

金带嶂(雁荡山世界地质公园提供)

灵峰三洞(中为观音洞、右为北斗洞、左为雪洞)(雁荡山世界地质公园提供)

叠嶂和锐峰为雁荡山火山流纹岩地貌的两大构成形式,气势宏伟,秀丽壮观,成为雁荡山流纹岩地貌风光的标志。

叠嶂是由流纹岩多次溢流叠置而成的巨厚山体组成。雁荡山叠嶂有23座,从灵峰的倚天嶂到大龙湫的连云嶂,断续纵贯整个园区,展现了雁荡山的雄浑壮观、磅礴气势,其中以铁城嶂最为著名。巨厚流纹岩层的最大厚度可达600m,而嶂的地面高度一般为海拔300m左右。

锐峰是构成巨大山体的尖锐型峰顶,远观秀丽,近观雄伟,是火山岩地貌的又一大特点。灵岩景区的观音峰就是最典型代表,其下部为巨厚的流纹岩;中部为流纹质熔结凝灰岩;上部为熔结凝灰岩,岩性坚硬,不易风化,但裂隙发育,岩块受风化侵蚀而圆化,形成莲花座上的莲花瓣;顶部为沸溢相凝灰熔岩,厚度大且坚硬,峰顶尖棱,直插云霄,使整个山体翘首云天,四周为悬崖峭壁,既雄伟又秀丽。

观音峰锐峰(雁荡山世界地质公园提供)

方山-长屿硐天园区 位于台州温岭市内,为古采石遗址和方山流纹岩台地。长屿硐天规模弘大的古采石遗址积淀了丰富的采石历史文化,方山典型的中生代流纹岩台地是珍贵的地质遗迹景观。1993年3月,方山-长屿硐天园区成为浙江省级风景名胜区;2004年,获浙江省国土资源厅批准,成为浙江省级地质公园;2005年2月12日,联合雁荡山园区、楠溪江园区,成功申报世界地质公园,成为雁荡山世界地质公园部分;同年获批为国家级风景名胜区,成为展示石文化景观和流纹岩台地的绝佳风景区。

3 浙江地质公园

大龙湫瀑布(左)、显胜门(右)

温岭长屿一带大面积出露的角砾凝灰岩结构均匀,硬度适中,容易顺层大片剥离,成为理想的建筑板材原料。长屿地区采石历史悠久,据史料记载,自南北朝以来人们就开始在这里采掘中生代火山凝灰岩石材。1500 年来,历代采石经久不衰,留下了 28 个硐群、1314 个形态各异的硐窟遗址,规模之宏大,结构之复杂,世间罕见,被誉为"天下第一硐"。2010 年 6 月,长屿硐天被批准成为我国第二批国家矿山公园,公园面积 10.09 km²,由八仙岩、双门硐两大园区组成,并被评为国家 AAAA 级旅游区。

楠溪江园区: 位于温州永嘉县楠溪江流域,以楠溪江多姿多彩的江河自然水景和沿江两岸古朴典雅的村落建筑为核心,自然山水的交相辉映,历史文化的丰富积淀,勾绘出了一幅幅美妙绝伦的自然历史画卷,成为以雁荡山中生代火山岩自然地貌景观为核心的世界地质公园的完美补充。楠溪江源出深山峡谷,在千回百转奔流出山途中,冲刷着结构和强度并不完全均匀的火山岩体,造就了岩体表面的千沟万壑和大小跌水瀑布,给人们的视觉和听觉空间带来无限享受。

石破天惊（雁荡山世界地质公园提供）

楠溪江山水奇绝，风光秀丽，火山岩构成的山体奇峰秀出，千姿百态。楠溪江的一江碧水晶莹剔透，水中能见度达3m以上。江流逶迤曲折，似一条玉带串起沿岸座座古老村落，江水低吟浅唱，给人们带去了无限的激情与灵感。

楠溪江风景河段（雁荡山世界地质公园提供）

3 浙江地质公园

科普站台

◎ 什么是地质公园

地质公园是以具有特殊地质科学意义、稀有的自然属性、较高的美学观赏价值以及具有一定规模和分布范围的地质遗迹景观为主体，并融合其他自然景观与人文景观而构成的一种独特的自然区域，既为人们提供具有较高科学品位的观光旅游、度假休闲、保健疗养、文化娱乐的场所，又是地质遗迹景观和生态环境的重点保护区、地质科学研究与普及的基地。

世界地质公园标志

中国国家地质公园标志

◎ 建立地质公园的目的是什么？

建立地质公园的主要宗旨有3个：保护地质遗迹、普及地学知识、开展旅游，促进地方经济发展。

◎ 什么是破火山？

破火山又称破火山口，是以顶部或中心具有规模较大的圆形或近圆形坳陷为特征的火山机构，通常在岩浆回撤、火山自身塌陷时形成，或因浅部岩浆猛烈喷发爆炸而形成，其中熔结凝灰岩分布广泛，放射状、环状断裂发育。按形成原因，

17

破火山口分为3类：喷发式破火山口（explosion calderas）、沉降式破火山口（subsidence calderas）、复合式破火山口（composite calderas）。

◎ 破火山口与火山口有何区别？

破火山口与火山口的本质区别：火山口是火山喷发、建造火山锥的产物；破火山口则是火山锥受到破坏的产物。破火山口常再次产生喷发，形成新的火山锥。

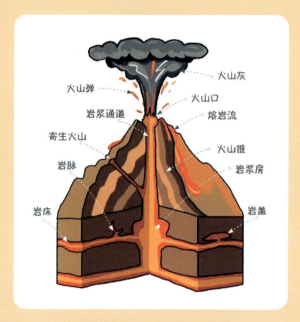

火山结构示意图（雷琼世界地质公园提供）

◎ 雁荡山火山是什么年代喷发的？

地质学家根据火山先后喷出的一层一层岩石，建立岩石地层柱，然后运用同位素地质学方法测定其年龄。雁荡山第一期喷出的岩石年龄为1.28亿年，第二期喷出的岩石年龄为1.21亿年，第三期和第四期喷出的岩石年龄为1.17亿年，最后岩浆侵入的石英正长岩（百岗尖）年龄为1.08亿年。雁荡山火山喷发大约在1亿年前，属中生代白垩纪。

3　浙江地质公园

◎ 为何说雁荡山是流纹岩的天然博物馆?

　　雁荡山破火山是酸性岩浆经爆发、喷溢、侵出及侵入形成的,其产物涵盖了不同岩相的岩石,包括地面涌流堆积、火山碎屑流堆积、空落堆积、基底涌流堆积和流纹质熔岩、岩穹、次火山岩等,岩石地层单元、岩相剖面、岩流单元及岩石结构均十分典型。它几乎包括了岩石学中所描述的各类流纹岩。因而,人们称雁荡山为流纹岩的天然博物馆。

◎ 雁湖是怎么消失的?

　　雁湖属山顶平湖,是高山剥夷面上的湿地,雁荡之名,即与雁湖有关。所有沼泽湿地在自然的状态下都有形成、发展、淤塞和消亡的过程。从历史记载可知,近数十年湿地变化较大,原因和人类活动密切相关。第一,原有的多年生湿生植物群落被茶园农地代替;第二,人们在土地平整、种植耕作过程中,修建沟渠排水,降低了地下水位,改变了地下水原有的渗透径流环境,造成湿地生物迅速死亡。

3.2　常山国家地质公园

　　常山国家地质公园位于浙江省西部衢州常山县,钱塘江支流,衢江之上游,园区范围属县城天马街道、辉埠镇、芳村镇、东案乡等4个乡、镇(街道),面积40.174km², 2001年12月获批国家地质公园资格,2004年1月正式揭碑开园。公园共划分为黄泥塘园区、三衢山园区、白菊花尖园区3个园区,主体地质遗迹是奥陶系达瑞威尔阶全球界线层型剖面和点位(简称"金钉子")、三衢山岩溶地貌景观。

　　黄泥塘园区:位于天马街道南侧,面积4.9km²,地质遗迹景观以层型剖面和保存精美而丰富的古生物化石为特色,主要包括奥陶系达瑞威尔阶全球界线层型剖面和点位(即黄泥塘"金钉子"剖面)、蒲塘口滑塌堆积岩剖面、寒武系西阳山组和华严寺组正层型剖面等重要地质遗迹。其中,黄泥塘"金钉子"剖面由页岩夹粉屑灰岩组成,保存了精美的笔石和牙形刺化石,特征典型能与全球不同地区的同时期地层进行精确对比,1997年1月被国际地质科学联合会执行局批准为划分全球奥陶系达瑞威尔阶

美丽浙江·地质环境资源

"金钉子"保护长廊(常山国家地质公园提供)

底界的标准。西阳山组剖面和华严寺组剖面由不同特征的灰岩组成,是浙皖赣地区寒武纪地层的标准剖面,产丰富的三叶虫和笔石化石。规模宏大的蒲塘口滑塌堆积岩记录了4.4亿年前古地震引发的海底崩塌事件。

三衢山园区:位于常山县辉埠镇内,面积$13.5km^2$,园区内地质遗迹景观以上奥陶统三衢山组次层型剖面及幼年期岩溶地貌景观为特色。三衢山组藻礁灰岩形成于4.35亿~4.45亿年前的晚奥陶世海洋沉积,早期为巨大的绒毛藻灰泥丘,晚期为珊瑚-层孔虫藻礁,是华南晚奥陶世岩相古地理、生物礁及大地构造研究的重点地区。园区岩溶(喀斯特)地貌发育,形成特征典型的石芽、溶沟、盲谷、岩溶平台、石林和洞穴,典雅精致,气势宏伟,主要景观有城堡石林、天井石林、紫藤峡谷、小古山岩溶凹地、宋畈天坑、仙人洞、岩口溶洞等,有"象形石动物园""华东第一石林"的美誉。

"金钉子"保护碑

3 浙江地质公园

中外地质专家考察"金钉子"剖面（常山国家地质公园提供）

三衢山风光秀美，文化历史积淀丰厚，被称为"衢州的母亲山"。三衢山南坡有一石室，因北宋名臣赵抃曾在这面壁苦读，故取名"赵公岩"，后来赵抃成为一代清官"铁面御吏"，故此岩又被称为清献书岩。

三衢山岩溶地貌

白菊花尖园区：位于常山北东部的芳村镇和东案乡，面积 22.3km²，由白菊花尖和芙蓉峡两个景区组成。白菊花尖景区以峡谷地貌景观为主要特色，谷内瀑、潭众多，生态环境极佳。芙蓉峡景区以阶地型峡谷地貌景观为主要特色，深切河段与开阔平坦的阶地交相辉映，拥有如诗如画般的江南田园风光。

芙蓉峡谷景色（常山国家地质公园提供）

常山别称"柚都石城"。胡柚和石头是常山两大特色资源，是常山最具人气魅力的地方品牌和文化形象。常山的石头蕴涵丰富，既有雄奇壮美、丰姿独秀的自然峰石，又有闻名遐迩、独具特色的青石与花石；既有造化精妙、趣味横生的观赏石，又有巧夺天工的工艺石。常山就是一座用石头造就的"石头之城"。2007年6月，常山成功举办了"中国常山石文化艺术节"，"石头城"的品牌效应从此名扬海内外。2008年7月，常山又被中国观赏石协会命名为"中国观赏石之乡"。常山建成有全省首批特色小镇"赏石小镇"、中国观赏石博览园。2017年8月，常山成功举办了第六个"全国赏石日"暨常山国际赏石文化节。从此，常山"石城"又亮出了一张国家级的文化名片。

3 浙江地质公园

◎ 什么是"金钉子"?

地质学上的"金钉子"实际上是全球界线层型剖面和点位(GSSP)的俗称。"金钉子"是国际地层委员会和地质科学联合会公开指定的年代地层单位界线的典型或标准,是定义和区别全球不同年代所形成地层的唯一标准,并在一个特定的地点和岩层序列中标出,作为确定和识别全球两个年代地层之间界线的唯一标志。

◎ 我国有几枚"金钉子"剖面?

截至2018年,我国已有11枚"金钉子"剖面,依次是浙江常山奥陶系达瑞威尔阶"金钉子"、浙江长兴二叠系—三叠系"金钉子"、湖南花垣寒武系排碧阶"金钉子"、广西来宾二叠系吴家坪阶"金钉子"、浙江长兴二叠系长兴阶"金钉子"、湖北宜昌奥陶系赫南特阶"金钉子"、湖南古丈寒武系古丈阶"金钉子"、湖北宜昌奥陶系大坪阶"金钉子"、广西柳州石炭系维宪阶"金钉子"、浙江江山寒武系江山阶"金钉子"和贵州剑河寒武系乌溜阶底界"金钉子"。

◎ 为何常山奥陶系达瑞威尔阶"金钉子"不以当地地名命名?

达瑞威尔阶原为澳大利亚中奥陶统上部的一个阶,早在1899年就被命名。由于该地点没有连续剖面,界线上下又无牙形刺和其他壳相化石,作为"金钉子"剖面点不合适。该阶底界的GSSP经陈旭等组成的国际工作组研究和推荐,于1997年被国际地层委员会和国际地质科学联合会批准将层型剖面定在我国浙江省常山县黄泥塘村,为尊重原始地名命名原则,仍采用达瑞威尔阶命名。达瑞威尔阶的底界以笔石 *Undulograptus Austrodentatus* 的首现为标志。

◎ 什么是岩溶地貌?

岩溶地貌一般指喀斯特地貌(Karst landform),是具有溶蚀力的水对可溶性岩石(大多为灰岩)进行溶蚀等作用所形成的地表和地下形态的总称。地表形态主要包括溶沟、石芽、天坑、漏斗、溶蚀洼地、干谷、峰林、峰丛、孤峰、天生桥、石林、地表钙华堆积等;地下形态主要包括溶洞、石锅、边槽、石钟乳、石笋、石柱、石幔、边石堤等。常山三衢山是典型的岩溶地貌景观区。

3.3 临海国家地质公园

临海国家地质公园位于浙江省临海市桃渚镇和上盘镇内,面积 38.6km²。该地质公园集火山横峰、熔岩台地、奇峰异石、万柱石林、翼龙与长尾鸟化石和抗倭历史于一体,是融自然风光与历史文化于一园的风景名胜区,分为白岩山-武坑园区、龙湾园区和大塆头-岙里园区。2003 年 2 月,临海国家地质公园入选我国第二批国家地质公园。

临海国家地质公园位于亚洲大陆边缘中生代巨型火山岩带中段,是浙江东部乃至中国东南沿海白垩纪大规模火山活动最后一期喷发的典型代表。早期由火山喷溢而出的熔融岩浆流淌堆积和冷凝结晶收缩后,形成巨大的流纹岩台地;在漫长的地质岁月里,又经历了后期的地壳抬升、断裂切割、风化剥蚀和重力崩塌作用,逐渐演化形成了柱状节理、柱峰、崖嶂、峰丛、峰林、孤峰、岩洞和各类奇岩怪石,成为临海国家地质公园珍贵的自然地貌景观。如今,这里又是我国南方翼龙、长尾鸟大型化石的首次发现地,还有保存完整的明代海防卫所——桃渚军事古城,见证了沧海桑田到中华民族抗倭御海的辉煌历史。

武坑流纹岩台地、崖嶂、峰丛地貌

3 浙江地质公园

流纹岩石柱峰

园区自6.8亿年前震旦纪以来,地壳急速抬升而成为隆起区;到了距今1.5～0.8亿年间的晚侏罗世—晚白垩世时期,火山活动鼎盛,火山岩基本覆盖了本地区,巨厚的流纹岩层是成景的主要岩石,断裂节理与沟谷溪流是地质成景的控制因素,造就了典型的火山岩地质遗迹和独特的山水地貌景观。

垂直柱状节理

临海国家地质公园内的翼龙、长尾鸟化石,1986年4月发现于上盘镇岙里村北山坡采石场。化石埋藏于上白垩统下部沉凝灰岩和凝灰质细砂粉砂岩内,形成地质年龄为81.5Ma,是我国江南地区首次发现的珍贵古生物化石,经古生物专家鉴定为翼龙、长尾鸟新种化石,定名为"临海浙江翼龙"和"长尾雁荡鸟"。当年它们目睹了火山爆发的壮丽景观和熔岩喷溢的岁月留痕,也见证了临海地区沧海桑田的演化历史;它们在熊熊烈火中涅槃,并被火山灰流快速堆积掩埋,从而留下了永恒不灭的印痕,成为地球历史最珍贵的遗产与档案。上盘岙里也因此成为一座珍贵的"龙鸟公墓",成为当年"空中霸主"的归宿地。有关它们死亡灭绝的假说很多,已成为举世关注的科学谜案之一。1989年11月29日,这座"龙鸟公墓"——临海翼龙化石产地保护区,获准列入浙江省重点文物保护单位名录,为临海国家地质公园增添了丰富的历史文化内涵,并已成为重要的自然地质景观和科学考察基地。

临海翼龙化石产地保护碑(临海国家地质公园提供)

临海国家地质公园不仅峰奇石秀,各类水景亦异常诱人。名播海内、千古流芳的桃江十三渚,潮涨潮落、平缓无垠的海湾沙滩,白练长垂、银河飞落的崖壁瀑布,碧波荡漾、云水茫茫的山间水库,异彩纷呈、明净如镜的碧水清潭,与火山岩体的地质地貌相依相偎。多姿多彩的各类水景与雄奇壮丽的火山岩地貌交相晖映,构绘了一幅幅美妙绝伦的山水画卷。

3 浙江地质公园

桃江十三渚湿地

临海国家地质公园是自然地质遗迹资源和人文旅游景观的完美组合，是天工造化和历史文化的绝妙创造。那历尽岁月沧桑，至今仍然保存完好的桃渚军事古城，为千年临海留下了光辉灿烂的文化遗产，是地质公园内最重要的人文旅游资源。如今，当人们走进临海国家地质公园，不仅可以领略那珍奇宝贵的地质遗迹和美伦美奂的地貌景观，深刻感悟到大自然神奇造化的魅力和临海山河的壮丽多娇，还可以感悟到我们中华民族抗击外侮、捍卫海洋主权的辉煌历史文化。

科普站合

◎ 柱状节理是如何形成的？

均质的岩浆在冷却过程中，由于均匀地冷却与收缩而裂开呈规则六边形的裂缝组成了柱状节理。规则的石柱均垂直于熔融体的冷却面，即垂直于熔岩层面或岩颈的接触面。

◎ 哪些岩石易形成柱状节理景观？

常见形成柱状节理景观的岩石有玄武岩、流纹岩、碎斑熔岩，如云南腾冲、福建漳州等地柱状节理景观由玄武岩组成，吉林四平柱状节理景观由流纹岩组成，香港、浙江临海、浙江衢江等地柱状节理景观由碎斑熔岩组成。

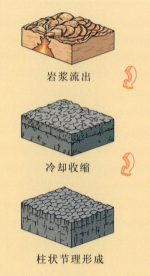

柱状节理形成过程示意图（雷琼世界地质公园提供）

◎ 翼龙属于恐龙类吗？

　　翼龙又名翼手龙（Pterosauria），是一种已经灭绝的爬行类动物。尽管与恐龙生存的时代相同，但翼龙并不是恐龙，属飞行爬行动物演化支。翼龙类是第一种飞行的脊椎动物，翼龙的翼是从位于身体侧面到四节翼指骨之间的皮肤膜衍生出来的。

◎ 湿地的功能

　　湿地的功能很多，它可作为直接利用的水源，可补充地下水，又能有效控制洪水和防止土壤沙化，还能滞留沉积物、有毒物、营养物质，从而改善环境污染；它能以有机质的形式储存碳元素，减少温室效应，保护海岸不受风浪侵蚀，提供清洁方便的运输方式等，它因有如此众多有益的功能而被人们称为"地球之肾"。湿地还是众多植物、动物，特别是水禽生长的乐园，同时又向人类提供食物（水产品、禽畜产品、谷物）、能源（水能、泥炭、薪柴）、原材料（芦苇、木材、药用植物）和旅游场所，是人类赖以生存和持续发展的重要基础。

3 浙江地质公园

湿地生态系统示意图(张永,2019)

3.4 新昌硅化木国家地质公园

新昌硅化木国家地质公园位于浙东绍兴新昌县西部,面积 60.26km²,以硅化木化石产地地质遗迹为主体,同时亦是复合型丹霞地貌景观的典型代表和火山活动的"全息档案馆",共划分为安溪-王家坪硅化木景区、穿岩十九峰-倒脱靴景区、大佛寺-十里潜溪景区。2004 年 1 月,获得国土资源部批准成为国家地质公园,2006 年 4 月 29 日在石城广场和镜岭镇安溪两地同时揭碑开园。

安溪-王家坪硅化木景区: 位于澄潭镇王家坪,镜岭镇安溪、砩头及镜屏乡坟山脚一带,面积 7.79km²。公园内硅化木保护区为华东地区规模最大、国内罕见、保存非常完整的原地埋藏硅化木群。出土的硅化木是原产于本地南洋杉属的一个新种,集中分布在县域西部苏秦、安溪至王家坪一带。在早白垩世地层中,埋藏有 6 层硅化木化石共 300 多株,其分布规模及分层性、埋藏方式多样性与观赏性在国内首屈一指。其中木化石直径 0.5～1.2m 者居多,也有粗 1.5m、长 14m 的大树化石;更有产于安溪的树桩粗达 3.5m,需 6～7 人牵手方能拥抱的"硅化木之王",它由数条近米粗的侧根呈爪状扎根地下,支撑着庞大的躯干巍然直立地上,依旧保持着生存时的原有状态。2001 年被上海大世界吉尼斯总部授予"大世界吉尼斯之最"。

穿岩十九峰-倒脱靴景区: 穿岩十九峰是典型的丹霞地貌景观,面积 21.82km²。拔地而起的 19 座山峰巍峨壮观,自北而南鱼贯排列在风光旖旎的镜岭江东岸,首尾绵延 3.4km,相对高度均在 300m 左右。山顶的凝灰岩峰墙如万里石长城,下部陡立

29

王家坪二号化石坑内的硅化木

的丹崖红层将"石长城"稳稳托起,形成上下叠置关系,此种地貌现象被称为"复合型丹霞地貌"。穿岩十九峰"峰峰都是玉嶙峋",以"马鞍"为首、"馨峰"结尾,蜿蜒于五里深切的千丈幽谷之中。身临其间可枕石听泉、观飞溅跌瀑,举头望天,只见两山对峙中的天宇只剩狭窄的一线空间。穿岩十九峰被中央电视台选作影视剧外景基地,先后完成《笑傲江湖》《射雕英雄传》《神雕侠侣》《天龙八部》等60余部影视剧拍摄。

穿岩十九峰(新昌硅化木国家地质公园提供)

3 浙江地质公园

新昌硅化木国家地质公园以硅化木地质遗迹为主体,融合了丹霞地貌、火山岩地貌、河湖景观等典型特征的复合型地貌,展现了奇、险、秀、幽的自然山水风光,自古就享有"越中胜景""东南眉目""天地神明之境"的美誉,又被地质学家称为"完整的火山信息档案馆",成为休闲游乐胜地和地学科普课堂。

大佛寺-十里潜溪景区: 位于新昌城西石城山下,以石窟佛像、摩崖题刻、山体雕塑、石砌古塔与碑亭建筑为特色,包含大佛寺和南岩寺两处石窟洞穴佛教文化景观区、十里潜溪两侧的元岙-百丈崖丹霞与凝灰岩峰丛景观区、天烛湖-大石瀑凝灰岩峰墙景观区、丁村-石狗洞凝灰岩象形石地貌景观区。该景区具有典型的复合型丹霞地貌景观和历史悠久的宗教文化景观。

深山古刹大佛寺(新昌硅化木国家地质公园提供)

"江南第一大佛"——弥勒的石壁金像佛闻名遐尔,它同附近的千佛洞、千佛岩、五百罗汉洞及露天弥勒大佛等一批凝灰岩佛像雕塑,成为国内外罕见的火山碎屑岩岩雕的经典。它们开凿历史悠久,始于1600年前的东晋永和初年(公元345年),类型多样,规模宏大,工艺精湛,素有"江南敦煌"之赞誉。弥勒石壁金像佛身高16m,端坐于石窟中,仪态庄严,气度非凡,是东晋永和时期由僧护、僧俶、僧佑三代高僧们耗尽毕生精力,费时30年雕凿完成的,属我国早期石窟佛像的杰出创作。露天弥勒大佛座高30m,袒胸露腹,盘膝端坐于蓝天白云之下,慈眉善目,笑容可掬,展现了大肚能容天下事的姿态。"山是一尊佛,佛是一座山",这是一处巧妙利用山体自然造化的绝妙景观。

科普站合

◎ 什么是硅化木？

　　硅化木也被称为木化石。数亿年前的树木因种种原因被深埋入地下，在地层中，树干周围的化学物质，如二氧化硅、硫化铁、碳酸钙等在地下水的作用下进入到树木内部，替换了原来的木质成分，保留了树木的形态，经过石化作用形成了木化石。

◎ 丹霞地貌如何形成的？

　　由产状水平或平缓的层状红色碎屑岩（主要是砾岩和砂岩），受垂直或高角度节理或断裂切割，并在差异风化、重力崩塌、流水溶蚀等综合作用下形成的有陡崖的城堡状、宝塔状、针状、柱状、棒状、方山状或峰林状的地形即为丹霞地貌。

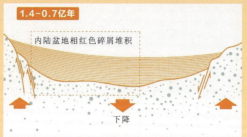

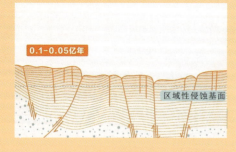

丹霞地貌演化示意图（韶关市丹霞山管理委员会提供）

3　浙江地质公园

◎ 我国的丹霞地貌分布如何？

我国的丹霞地貌广泛分布在热带、亚热带湿润区，温带湿润-半湿润区，半干旱—干旱区和青藏高原高寒区。全国已发现丹霞地貌790处，分布在26个省（区）。

中国主要丹霞地貌分布图

◎ 丹霞地貌与雅丹地貌有何区别？

丹霞地貌系指由产状水平或平缓的层状红色碎屑岩（主要是砾岩和砂岩），受垂直或高角度节理或断裂切割，并在差异风化、重力崩塌、流水侵蚀等综合作用下形成的有陡崖的城堡状、宝塔状、针状、柱状、方山状或峰林状的地貌形态；雅丹地貌泛指干燥地区的一种风蚀地貌，是河湖相土状沉积物所形成的地面，经风化作用、间歇性流水冲刷和风蚀作用，形成与盛行风向平行、相间排列的风蚀土墩和风蚀凹地（沟槽）等地貌组合。

3.5 景宁九龙省级地质公园

景宁县地处浙西南，属丽水市管辖，是华东地区唯一的少数民族自治县，也是全国唯一的畲族自治县。景宁九龙省级地质公园由九龙湾、炉西峡、大漈、望东垟-上标等园区和环敕木山周边的地质遗迹点组成，总面积 98.88km²，以典型的火山熔岩地貌、壮丽的峡谷地貌和神奇的高山湿地著称。2009 年 7 月，景宁九龙地质公园获得浙江省国土资源厅批准，成为省级地质公园；2011 年 7 月，完成规划建设并揭碑开园。

九龙湾园区： 位于景宁县北侧，九龙乡后斜、黄水圩一带，面积 7.57km²。此园区地质遗迹最为集中，包括火山岩地貌类、水体类、岩石类、侵蚀地貌类以及峡谷地貌类等地质遗迹，如流纹岩柱峰（将军岩）、流水侵蚀地貌（仙女散花）、流纹岩孤峰（迎宾老人）、孤岩（石蘑菇）、石门、岩嶂和球泡流纹岩等。另外，园区内还发育大源坑峡谷、一线漈等峡谷地貌和水体景观。

九龙湾火山岩峰丛

炉西峡园区：位于景宁县东侧边缘,梅歧乡北东桂远、林圩一带,面积 26.62km^2。炉西峡是瓯江小溪江支流,峡谷长约 40km,素有"华东第一大峡谷"的美誉。峡谷两侧山峦蜿蜒叠翠,谷内山峰奇秀,沟壑纵横,水清波碧,各种流水侵蚀与堆积地貌景观十分发育。地质遗迹类型以峡谷地貌、火山岩地貌及拟态岩石为主,主要有黄石坑岩嶂、饭蒸岩、横坑口峰丛等。

炉西大峡谷

大漈园区：位于景宁中南部大漈乡,面积 41.33km^2。园区内典型的地质现象和地貌景观丰富,以水体类景观为主,兼具火山岩地貌、花岗岩地貌、峡谷地貌、剥蚀地貌和历史文化遗迹等。大漈乡政府所在地为一海拔约 1000m 的古夷平面,现在仍能清晰看到残留的高度相近的山顶面和典型的风化壳,大漈湿地则是在夷平面低洼处形成的湿地。园区内断裂构造发育,形成陡峭的岩嶂和尖锐的山峰。小佐村火山熔岩地貌发育,起伏的峰丛、陡峭的崖壁和幽深的峡谷异常壮观。雪花漈瀑布顺陡崖斜扑而出,迸散成无数朵洁白的水花,纷纷扬扬,似漫天飞雪,气势磅礴,故名雪花漈。瀑布落差 70m,宽 8～25m,丰水期间,水流从崖上急流直下,雷震谷鸣,撼人心魄,溅起的水花高达 10m,水汽更是高扬 200 余米;枯水期间,整个瀑布区水雾笼罩,如同雪花飞舞,景色美妙异常。大漈园区内始建于南宋绍兴十年(1140 年)的时思寺,已列入国家级重点文物保护单位,为地质公园注入了浓厚的历史文化内涵。

美丽浙江·地质环境资源

望东垟-上标园区：位于景宁东南边雁溪乡政府所在地南侧，以丰富的水体和湿地景观为特色，面积 20.75km²。园区内的望东垟高山湿地面积 600 余亩（1 亩 ≈ 666.7m²），海拔高度约 1300m，有华东地区最大的高山湿地之称，是全球湿地分类系中"溪源湿地"类型的模式样板地，湿地中的江南桤木森林群落不仅在浙江绝无仅有，在全国也十分罕见。还有落差高达 340m 的上标瀑布，飞流直下，如银河倾泻。碧波荡漾的上标水库，是园区内的一颗璀璨明珠。

环敕木山周边的地质遗迹，地跨鹤溪镇和大均乡两地，主要地质遗迹有岭脚中元古界龙泉群剖面、景宁岩基侵入岩谱系剖面、大赤坑口节理与褶皱、大赤坑断裂构造剖面、澄照坑头叠石地貌等，具有较高的科研与科普价值。

雪花漈瀑布

望东垟高山湿地及其生长的罕见江南桤木林（景宁九龙省级地质公园提供）

3 浙江地质公园

景宁畲族是一个历史悠久的少数民族,他们有着自己的民族语言,虽然没有本民族的文字,但却有着丰富的民族风情。农历"三月三"是畲族人民的传统节日,又称"乌饭节"或"踏青节",具有独一无二的畲族服饰、山歌、婚嫁和祭祖等风情习俗。

科普站台

◎ 什么是夷平面?

夷平面又称均夷面,是地壳在长期稳定的条件下,由各种外动力地质作用对地面进行剥蚀与堆积的统一过程中形成的一个近似平坦的地面。夷平面是一个地区的构造长期稳定、地貌发育成熟的产物,因此标志着一个重要而巨大的地貌发育阶段。

◎ 什么是地貌裂点?

地貌裂点指的是河床纵剖面上缓坡段与陡坡段的突然转折处,它的形成与河流的溯源侵蚀、河床的构造、岩性有密切关系。在地壳长期稳定的条件下,河床为一条平缓的、圆滑的纵剖面,由于河床的急剧抬升,或侵蚀基准面(海面或湖面)急剧下降,河流从河口段开始深切侵蚀,并逐渐向上游推移。新形成的、深切的、较陡峻的河段和早期形成的平缓河段之间的交点即成为裂点。裂点在河道中常以急流、湍滩、瀑布等形式出现。

3.6 余姚四明山省级地质公园

余姚四明山省级地质公园位于浙东北宁波余姚市南部的四明山地区,由低山、丘陵和平原地貌组成,涉及四明山镇、大岚镇、梁弄镇、河姆渡镇、三七市镇等。根据地质遗迹的分布特点,公园划分为河姆渡、罗成山、四窗岩-丹山赤水等园区,总面积61.7 km^2。三区之外还有四明湖等其他地质遗迹点。2009年12月,余姚四明山地质公园获得浙江省国土资源厅批准,成为省级地质公园;2012年5月,完成规划建设并揭碑开园。

美丽浙江·地质环境资源

四明山得名于境内大俞山峭壁上的一处奇岩——四窗岩,因四窗岩4个并排的洞穴犹如四面敞开的窗户,又有唐诗云"苍崖倚天立,覆石如覆屋。玲珑开户牖,落落明四目",山名即由此而出。

四窗岩第一室

四明山地质公园地质遗迹资源丰富,类型典型,可划分为地貌景观类、古生物化石类、地质构造类、水体景观类和地质剖面类五大类。园内有主要地质遗迹30处,其中古生物化石类2处,地貌景观类17处,水体景观类6处,地质构造类3处,地质剖面类2处。古生物化石类遗迹主要为分布在北部地区的河姆渡古人类文化遗址和田螺山古人类文化遗址;地貌景观类遗迹包括罗成山一带的夷平面、中部的丹山赤水火山碎屑岩和四窗岩丹霞地貌、罗成山花岗岩地貌和丹山岩下山的流水地貌;水体景观类遗迹包括四明湖在内分布全区的系列水体景观;地质构造类遗迹主要为脉岩群和典型的火山岩石;地质剖面类遗迹主要为分布在中部大元基和北部陆埠一带的早白垩世高坞组和西山头组地层剖面。

河姆渡园区:以古人类遗址为核心,所揭示的地层剖面清晰,展示了7000年前浙北先民们的生产与生活,是中国东南沿海地区保存最完整、最丰富的新石器晚期文化遗址之一,为距今7000年以来的海陆变迁及环境演化提供了充分证据。河姆渡遗址不同的文化层,反映了7000年来地史变迁和环境气候变化,从中可以解读到河姆渡文化的兴衰历史。河姆渡古人类属于母系氏族社会,是具有浓郁江南水乡地域特色的新石器时代文化类型,也是中国早期农业的文明形态,与黄河流域的西安半坡文化构成了中国古老文化的双翼,蜚声海内外。

3　浙江地质公园

河姆渡"双鸟朝阳"

罗成山园区：以大面积分布的新生代中新世古夷平面和现代剥夷面、玄武岩台地地貌、花岗岩地貌为核心，优越的生态环境、丰富的自然资源为地质公园的重要地质遗迹景观。

四窗岩-丹山赤水园区：以独特的凝灰岩峰丛、峡谷地貌组成的丹山赤水，佐证了古风化壳及古夷平面的存在。区域内典型的永康群不整合面与其底部的砂砾岩形成的洞穴景观，既有重要的科学意义，又有美学观赏价值。

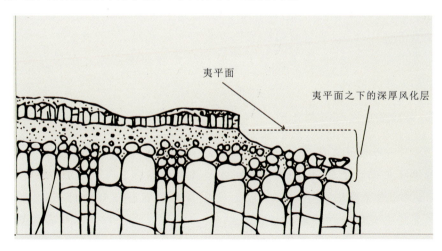

罗成山古夷平面剖面示意图（许红根，2012）

39

美丽浙江·地质环境资源

四明山地区有着丰厚的历史文化积淀和光辉的革命历史传统,梁弄镇还享有"浙东延安"的美誉。园区内有浙东游击纵队司令部旧址、四明山革命烈士纪念碑等,是浙江省重要的革命传统教育基地。这里又是古代"唐诗之路"的中心地域,在千年历史长河里,留下了许多名人佳作、历史故事和行踪旅迹。四明山地区生物资源丰富,植被茂密,四明山国家森林公园被誉为"中国红枫之乡"。

余姚四明山省级地质公园,集珍贵的地质地貌遗迹、优越的生态环境资源、丰富的历史文化于一体,现已成为浙江省重要的地学考察、科普教育、革命传统教育基地,是理想的休闲旅游胜地。

科普站合

◎ 河姆渡有哪些重大发现?

河姆渡文化是中国长江流域下游以南地区古老而多姿的新石器时代文化(即距今约 7000 年)。河姆渡是新石器时代母系氏族公社时期的氏族村落遗址,反映了距今约 7000 年前长江下游流域氏族的情况。黑陶是河姆渡陶器的一大特色;在建筑方面,河姆渡遗址中发现了大量"干栏式房屋"的遗迹;骨器制作也比较进步,都是精心磨制而成;最重要的是发现了大量人工栽培的稻谷,这是现阶段世界上最古老、最丰富的稻作文化遗址。它的发现,不但改变了中国栽培水稻从印度引进的传说,许多考古学者还依此认为河姆渡可能是中国乃至世界稻作文化的最早发源地。

◎ 河姆渡文化有何意义?

1973 年,河姆渡文化第一次发现于浙江宁波余姚的河姆渡镇,因而以此地命名。河姆渡文化的发现,使长江下游地区史前考古学跨上了新台阶,改变了过去人们的认识,以事实纠正了以往认为江南史前文化发展较晚的观点。正如考古学家苏秉琦先生所说:"过去有一种看法,认为黄河流域是中华民族的摇篮,中国的民族文化先从这里发展起来,然后向四面扩展,其他地区文化比较落后,只是在它的影响下才得以发展。这种看法是不全面的。在历史上,黄河流域曾起过重要作用,特别是在文明时期,它常常居于主导地位。但是在同一时期内,其他地区的古代文化也以各自特点和途径在发展着。"

河姆渡文化遗址复原现场(河姆渡遗址博物馆提供)

3.7　磐安大盘山省级地质公园

　　磐安大盘山省级地质公园位于浙江省中部磐安县内,由尖山-夹溪园区和盘山-花溪园区两大园区组成,总面积 50.84km²。2010 年 7 月,磐安大盘山地质公园获得浙江省国土资源厅批准,成为省级地质公园;2013 年 12 月,完成规划建设并揭碑开园。

　　磐安大盘山省级地质公园是以剥蚀、流水侵蚀景观和台地峡谷地貌组合为特色,以保护十八涡壶穴群等珍稀地质遗迹资源为目的的地质公园,十八涡壶穴群、玉山玄武岩台地和浙中大峡谷地貌组合、平板溪、水下孔瀑布、斤丝潭、三寨九瀑、嵊县组地质剖面、玄武岩风化球、流纹构造等地质遗迹,在浙江省乃至全国都具有典型性和代表性。公园内山清水秀,环境优美,是浙江省重要的水源涵养区和生态屏障。得天独厚的地质地貌背景和优越的自然生态环境,孕育了丰富的野生动植物资源。大盘山国家级自然保护区核心区就位于盘山-花溪园区,生长着七子花、香果树等诸多珍稀濒危的药用植物。

浙中大峡谷十八涡段

尖山-夹溪园区：位于磐安县东北部的玉山台地和浙中大峡谷所在区域，面积约 28.94km²。园区内地质遗迹以台地峡谷、壶穴瀑布为特色，是新近纪以来构造运动、岩浆喷溢、河流冲蚀切割形成的多种地质遗迹的集中分布区。区内台地峡谷（玉山台地和浙中大峡谷）的地貌组合，清晰地反映了新生代以来地质发展和演化的历史，构成了极其壮观的画面，地质遗迹及地貌景观的组合在浙江省内乃至更大区域范围内具有典型意义。十八涡壶穴群内发育的壶穴规模大、独特、典型，全国罕见，是研究壶穴及其成因的天然博物馆，对研究该地区侵蚀基准面变化、气候环境、流水侵蚀作用等，都具有很高的科学价值。此外，园区内火山岩地貌、水体景观、地层剖面、地质构造等遗迹丰富，具有较高的科普教育价值和美学观赏价值。

盘山-花溪园区：位于磐安县中南部的安文镇和大盘镇内。园区内地质遗迹以水体景观和火山岩地貌景观最为丰富，其中平板溪河床和大盘山构成的"高山平溪"景

3　浙江地质公园

聚秀涡壶穴群

观是公园特色。平板溪河床基岩连续出露，底平如削，在省内乃至全国都具有典型性和独特性，具有很高的地质地貌学意义。大盘山为永安溪、始丰溪、好溪、东阳江四大水系的主要发源地和天然分水岭，湿地位于海拔 1160m 的高山坡地上，对研究和对比区域夷平面高程以及地壳抬升和地貌演变具有较高的科学价值。磐安大盘山省级地质公园位于大盘山国家级自然保护区核心区，该保护区是我国首个野生药用植物种植资源类型的国家级自然保护区，分布着许多珍稀濒危的药用植物和道地的中药材种植资源，是传统中药材"浙八味"中元胡、白术、白芍、玄参、贝母的原产地。

花溪平板溪河床（磐安大盘山省级地质公园提供）

43

美丽浙江·地质环境资源

盘山-花溪园区自然生态环境优良，大盘山"巍巍数万仞，中凹似仰磐"，具有别具一格的高山风貌；同时，斤丝潭、三寨九瀑等瀑布千姿百态、丰姿绰约，平板溪流水淙淙、清澈见底，多姿的水体风光更添一份美学观赏价值。

磐安山清水秀、人文荟萃，早在新石器时代，祖先已在这里繁衍生息，为子孙后代缔造了丰富的民间文化艺术，也创造了不少精湛的民间工艺。明代遗址夹溪古道、古刹利国寺、鞍顶山三州天龙寺、大兴国遗址等人文景观历史悠久；玉山古茶场、夹溪古道、乌石村、济阳桥、昭明寺等古建筑和赶茶场，迎龙虎大旗、炼火（踩火）、亭阁花灯等非物质文化遗产内涵丰富，使得大盘山省级地质公园成为了一座集科学考察、科普教育、观光游览、度假养生、休闲运动等多项功能于一体的综合型地质公园。

◎ 何为峡谷？

峡谷指谷坡陡峻、深度大于宽度的山谷。它通常发育在构造运动抬升和谷坡由坚硬岩石组成的地段，当地面抬升速度与下切作用协调时，最易形成峡谷。我国长江流域的三峡是世界闻名的大峡谷。

◎ 壶穴是如何形成的？

壶穴又称瓯穴，指基岩河床上形成的近似壶形的凹坑。壶穴是急流漩涡夹带砾石磨蚀河床而成。壶穴集中分布在瀑布、跌水的陡崖下方及坡度较陡的急滩上。

◎ 如何区分冰臼与壶穴？

在冰川作用范围内，由冰川内或冰川下的急流冰水携带石块快速旋转冲击，使下伏的岩层产生旋涡状的深坑，称冰臼。这种螺旋状的涡流洞具有光滑的陡壁，洞底常遗留有磨圆的光滑球状漂砾。正常的峡谷溪流和瀑布可发育形成壶穴和跌水坑，边缘通常存在进出水的圆滑缺口，与冰臼有所区别。

3 浙江地质公园

3.8 仙居神仙居国家地质公园

仙居县地处浙江省东部,因传为"神仙居住的地方"而得名。神仙居是我国著名的山岳风景名胜区,2002年成为国家级重点风景名胜区;2005年12月命名为AAAAA级旅游区;2007年批准建成仙居国家森林公园;2011年3月15日建成仙居括苍山省级自然保护区;2013年12月获批建立省级地质公园;2018年3月获得国家地质公园资格。

仙居神仙居地质公园位于仙居县中南部白塔镇、田市镇、淡竹乡内,以中生代火山岩地貌景观为主要地质遗迹景观,划分为西罨寺景区、景星岩景区、公盂岩景区等。毗邻公园外围还分布有皤滩古镇、高迁古民居等人文景观旅游区,油溪地质剖面地质遗迹保护区、黄坑-上井地质遗迹保护区以及神仙居旅游度假区等景区。

西罨寺景区: 位于地质公园西北部白塔镇内,是中生代活动大陆边缘复活型破火山的典型代表,它记录着火山爆发、塌陷、沉积、复活穹起和断裂切割、侵蚀风化的完整地质过程,塑造了典型的火山岩地貌,形成了熔岩平台、锐峰叠嶂、峡谷洞穴、瀑布深潭。它的形成、演化历史不仅是中国,也是西太平洋亚洲大陆边缘巨型火山带的典型代表,具有时间、空间上的独特性,并作为地壳深部壳幔作用、岩浆活动的产物记录了大陆边缘板块活动,是了解地球深部地质的窗口。著名遗迹景点有移步换景的"一帆风顺"、惟妙惟俏的"饭蒸岩"、气势雄伟的"摩天峡谷(西天门)"、高耸入云的"天柱岩"、栩栩如生的"将军岩"和"睡美人",以及典型的沉积岩地层剖面和安山岩柱状节理等。

云雾中的天柱岩锐锋(仙居神仙居国家地质公园提供)

聚仙谷峰丛（仙居神仙居国家地质公园提供）

景星岩景区：位于地质公园东北部田市镇内，山势雄伟，峰崖壁立，火山岩地质遗迹和景点集中分布，景星岩即为"仙居八景"之一，称为"景星夜月"。景区腹地有宋代古寺净居寺，明代左都御史吴时来"读书堂"遗迹，附近又有"摘星台""响铃岩"等景点。景区内有多处珍珠岩矿产地，其特殊的岩石类型和发育良好的火山岩剖面，为研究公园区火山活动历史提供了依据，具有较高科学价值。

公盂岩景区：位于地质公园南部，峰崖巍峨，气势峥嵘，景观变化万千。整个公盂岩峰丛由十余座孤立山峰组成，各峰自成一体，巨大的岩嶂和熔岩平台独具风采。此外，瀑布水景亦非常诱人。公盂岩下的公盂村民居，布局错落有致，竹林清溪环绕，景致优美。

景星岩岩嶂台地地貌

（仙居神仙居国家地质公园提供）

3 浙江地质公园

仙居县历史文化传承悠久,地质公园内人文景观资源也十分丰富,包括古镇、古民居、纪念性建筑、风景建筑、遗址旧址、历史名人遗迹、神话故事传说等,已成为浙东旅游线上的一颗璀璨明珠。

公盂岩峰丛与民居(仙居神仙居国家地质公园提供)

科普站台

◎ **火山是怎么形成的?**

火山指地下岩浆活动穿过地壳,运移上升到达地面或喷出地表并具有特殊的机构及形态的山体。火山活动常喷出大量高热的气体、固体碎屑和熔融的岩流,在出口周围堆积成山丘,形成火山锥。

◎ **火山可分为几种活动类型?**

现今的火山喷发活动,按其喷发方式可分为中心式喷发和裂隙式喷发两种类型。火山喷发活动是通过一个近于垂直方向的主要通道与地下的岩浆库相连而喷出地表的火山,称中心式火山;岩浆沿地面上的长裂隙喷出而形成的火山,称裂隙式火山。

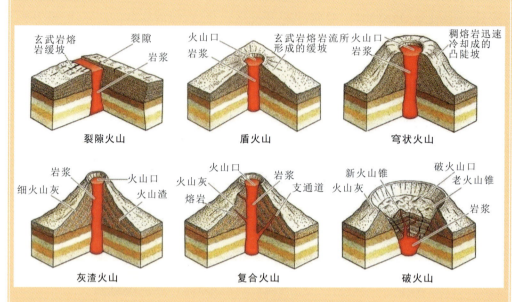

大陆火山类型示意图

◎ 峰丛与峰林的有何区别？

峰丛与峰林的区别主要在峰体与基部的比例关系，峰丛的基座部分大于峰体。峰丛是峰林区经地壳抬升，沟谷、洼地切割加深，增大基座高度而成，或是峰体间的沟谷在新的侵蚀基面条件下刚开始发育阶段的表现。

3.9 缙云仙都国家地质公园

缙云县位于浙南丽水市东北部，始建于武周万岁登封元年（公元 696 年），以县内古缙云山而得名，至今已有 1300 多年历史，缙云亦是中华民族人文始祖轩辕黄帝的号名。1994 年，仙都国家级重点风景名胜区建成。2011 年 12 月，缙云仙都地质公园获得浙江省国土资源厅批准成为省级地质公园，2018 年 3 月经原国土资源部批复获得国家地质公园资格。

缙云仙都地质公园是以典型的火山岩地貌、丹霞地貌和花岗岩地貌为主体的地质公园，划分为仙都园区、岩门-大洋园区和大洋山园区。

3 浙江地质公园

仙都园区：以火山岩地貌景观、火山构造为特色,分布着众多造型别致的火山岩柱峰、岩嶂、峰丛、峰林和典型的火山通道。园区代表性的地质地貌景观主要有兀立于好溪东岸之上的鼎湖峰,天工造化的婆媳岩、新妇轿岩、集仙岩峰林、仙掌岩,以及由火山颈、火山口、溢流相流纹岩组成的凌虚洞火山通道等,已成为著名的影视剧拍摄背景。

鼎湖峰柱峰

岩门-大洋园区：以反映丹霞地貌为特色,分布有丹霞崖壁、丹霞巷谷、方山、线谷、柱峰、单面山、洞穴（水平横槽）等。园区内"顶平、身陡、麓缓"形态独特的丹霞地质地貌景观,反映了浙江省丹霞地貌青年期的演化历程,代表性地质地貌景观有公路两侧红崖峭壁构成的峡谷岩门,以及花岩、天柱峰、三叠岩、白岩头等。或孤峰傲立,岩巍色丹；或陡峻威严,岩壁如霞,岩门是一处颇具神韵的丹霞景观。

大洋山园区：以花岗岩地貌景观为特色,区域上属括苍山脉,山体雄峻,奇峰突兀,沟壑纵横,景观造型别致,具有极高的美学观赏价值。独特的花岗岩景观地貌,集簇峰、塔峰、屏峰、堡峰、岩嶂、石柱、石蛋、叠石、岩岗、线谷、峡谷、石臼、倒石堆于一体,代表性地质地貌景观有由 11 块箱型花岗岩叠置而成的叠箱岩,以及山脊上的花岗岩石臼等。缙云仙都被传为"仙人荟萃之都会也",历史人文景观丰富。自 1998 年恢复公祭轩辕黄帝活动以来,每年的清明节和重阳节,都要在"黄帝祠宇"举行规模宏大的民祭和公祭典礼。2007 年 6 月,"轩辕氏祭奠"活动被列入浙江省非物质文化遗产名录。2008 年 1 月,举办清明节仙都轩辕氏祭奠活动的"黄帝祠宇",又被列入浙江省首批民族传统节日保护基地。

婆媳岩柱峰（缙云仙都国家地质公园提供）

岩门丹霞地貌

缙云仙都国家地质公园是自然地质地貌资源与历史人文景观的完美结合，内容丰富的地质遗迹与地质景观资源，类型多样、特色鲜明，是地质地貌研究、地质科学考察和科普教育的理想课堂；多姿多彩的历史文化传承，是缙云旅游资源的重要组成。缙云传统历史文化深厚，蕴藏着丰富的非物质文化遗产，民俗风情、古村落遗址、古代水利工程和山水优美的生态环境，构成了缙云县重要的旅游资源。

3 浙江地质公园

岩门花岩(火山岩屏峰)

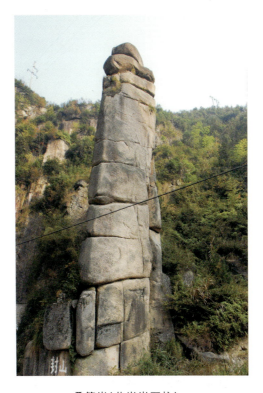

叠箱岩(花岗岩石柱)

科普站台

◎ 什么是火山通道？

火山通道指的是岩浆从岩浆库穿过地下岩层经火山口或溢出口流出地面的通道。火山通道的形状与火山喷发的类型有关。中心式喷发的火山常具有一个主要的通道，铅直方向，似圆筒状，一般称为火山筒或火山管。裂隙式喷发的火山通道常呈长条状或不规则状。

◎ 什么是火山口？

火山口指的是火山喷出物在喷出口周围堆积，在地面上形成的环形坑。火山口上大下小，常成漏斗状或碗状，一般位于火山锥顶端，底部与火山管相连，岩浆物质大量经此喷出。

缙云仙都凌虚洞火山通道相内部巨大石泡

3.10 江山浮盖山省级地质公园

　　江山浮盖山省级地质公园位于浙西南江山市南部的廿八都镇内,是一座以花岗岩地质地貌景观为主体的地质公园。1991年5月,江郎山被批准为省级风景名胜区,2002年晋升为国家级风景名胜区,浮盖山为江郎山五景区之一;2003年,林业部批准建立仙霞国家森林公园,浮盖山为森林公园三园区之一;2014年7月,江山浮盖山获得浙江省国土资源厅批准,成为省级地质公园,总面积9.41km²。其中,主要地质遗迹和地质景观区面积3.98km²,是一座占地面积虽小,但遗迹景观资源却异常丰富的地质公园。

浮盖雄峰

　　风起云涌之时,山体在云雾端处仅露山顶,状如浮盖,浮盖山因此而得名。浮盖山花岗岩山体由燕山晚期粗粒黑云母花岗岩构成,海拔高度900m,相对高差约700m,属强烈风化侵蚀的低—中山区。花岗岩景观分布于山腰及山脊区。地表的花岗岩强烈岩块化,沟谷、山坡、石峰和岩岗部位几乎全部由各种形态的巨大岩块累叠而成,形成岩块化山岳花岗岩地貌景观。岩块形态为奇形、椭球形和方棱形,且多呈共生状态产出。在巨大的岩块之间,还发育有大量洞穴景观,如莲花洞等。

花岗岩石蛋地貌

浮盖山花岗岩地貌景观为巨量分布于山沟、山坡和山顶的花岗岩岩块,形态似人似物,类禽类兽,妙趣横生,是一种岩块化山岳花岗岩地貌景观区,具有较大的独特性。

花岗岩巨石坡

在浮盖山北麓张家山一带,河床中出露了长约270m的元古宙八都群黑云母斜长片(麻)岩地层。这套岩层是前寒武纪华夏板块形成发展的重要证据。这一带几乎

3 浙江地质公园

出露了该套岩层在区域上的所有特征,具有很强的区域代表性,是研究华夏元古代地质的重要基地。溪口-张家山侵入岩剖面,长 930m,连续记录了白垩纪第一期的枫岭花岗岩和第二期的双峰式岩脉 30 多条,并且明显地表现出追踪裂隙的拉张特征,加上山顶上侵入的浮盖山花岗岩,三期岩浆事件出露在同一个地点,该典型特征在省内非常罕见。

浮盖山历史文化积淀厚重,徐霞客在公元 1630 年农历 8 月登山游览后,在《浮盖山游记》中盛赞浮盖山"盘石累叠,重楼复阁"的独特景观,留下了千古名篇。历史上,浮盖山曾经是佛教重地,相传曾有大小寺庵 36 座,至今仍保存着里山寺、叠石寺、大云寺等多座古寺。枫岭关和仙霞古道是唐代至民国初年仙霞岭军事、商贸和宗教活动的重要见证,现已列入江山市文物保护单位名录。其中的枫岭关素有"东方剑阁""浙西南第一门户"之誉,为中国古代著名关隘之一。仙霞古道全长约 120km,是古时钱塘江和闽江流域的重要通道。

科普站台

◎ 什么是风化壳?

风化壳指的是地壳基岩被风化的表层。地壳表层岩石在风化作用下遭受破坏,在原地形成松散堆积物,一般包括弱风化带、强风化带、残积层、残积土等。

◎ 为何浮盖山形成众多洞穴?

浮盖山的洞穴主要包括两类:一类是堆积在沟谷中的众多巨大岩块之间发育的堆积岩洞;另一类由石峰、岩岗的节理裂隙扩大而成。这些节理裂隙因遭受强烈风化而扩张、贯通,完整的花岗岩解体为奇形岩块。这种因风化作用而形成的洞穴景观是浮盖山花岗岩地貌景观的特色之一。

风化壳结构示意图

3.11 临安大明山省级地质公园

临安大明山省级地质公园位于浙西临安市西南部清凉峰镇内,山名出自朱元璋曾在此屯兵备战的传说。大明山是一座以花岗岩地质地貌景观为主体的地质公园,重要的地质遗迹景观有花岗岩地貌景观、千亩田钨铍矿典型矿床、千亩田采矿遗迹、千亩田湿地景观等,其中花岗岩地貌景观素有"小黄山"之称,总面积20.17km^2。2014年8月,大明山地质公园获得浙江省国土资源厅批准,成为省级地质公园。

大明山属燕山早期侵入形成的幼年期花岗岩山岳地貌景观。园内峰林如画,32座花岗岩奇峰,风姿绰约,神采各异,主要地貌形态有峰丛、崖壁、峡谷。主峰覆船尖海拔1489m,谷底流水侵蚀形成"V"形峡谷,最低海拔350m,峰谷相对高差达千余米。大明山花岗岩处于平台状岩体到成景地貌初期——束状石林之间,花岗岩地貌景观主要发育于海拔700～1400m部位。代表性的秀峰为"明妃七峰"峰丛,顶部高度相近,仅断裂处被切割较深,相传为朱元璋七位妃子羽化而成。此外,还有七峰尖、独秀峰、飞来峰、石笋峰、石柱峰、白蛇岩等诸峰,或雄伟壮观,或秀丽雅致。惊马岗保留的花岗岩风化壳和石蛋、千亩田的残留剥蚀面等,都是由没有被完全溯源侵蚀分割而保留的抬升山体分水岭,充分显示了大明山幼年期花岗岩地貌景观之风彩。

明妃七峰

千亩田钨铍矿:赋存于燕山早期第三次侵入的花岗岩南缘,主要矿脉分布在花岗岩体边缘相内。该矿脉发现于1958年,开采于1959—1982年,是浙江省气成热液石英脉型绿柱石-黑钨矿典型矿床,也是中国东南地区规模最大的气成热液石英脉型绿柱石-钨铍矿矿床。它在成矿花岗岩岩体、岩体与南华纪地层的接触带、围岩蚀变带、成矿构造、矿脉、成矿热液各方面,都有展现和出露,系统性和完整性好,在浙江省内罕见。它的成矿成因、控矿因素、矿体赋存、矿质来源、容矿构造和成矿年代等要素,已经基本研究清楚,并建立了气成热液石英脉型绿柱石-钨铍矿矿床成矿模式,矿床研究程度较高,是专业地质矿产考察和科普旅游观光的理想基地,具有重要的科学价值和观赏价值。

千亩田采矿遗址:千亩田钨铍矿20余年的开采历史,留下了大量保存较完整的采矿遗址,如采矿巷道、开采面、采空"一线天"、开采崖壁、采坑湖泊、矿业遗迹和残留的含矿石英脉等。闭坑后在花岗岩中留下的采矿巷道,号称"万米岩洞",实长

御笔峰

1000m,高 1.7～1.9m,宽约 1.5m,现已成为旅游通道。开采含矿石英脉后,留下宽 0.7～1.5m 的竖立或水平采空区,形成人工"一线天"景观和地下步道,成为大明山风光的精彩造化。当年提供洗矿用水的烂塘湾水库,如今已改建为大明湖水上乐园。矿山办公用房和工棚,亦已成为大明山庄旅游接待设施。千亩田钨铍矿保存较为完整的采矿遗址,是研究 20 世纪 60—80 年代人类采矿的实物遗存,具有丰富的人文历史价值。

千亩田高山湿地:位于崇山峻岭的千米高山之巅,形成于地表发育的震旦系休宁组细砂岩、粉砂岩地层和花岗岩体海拔 1000～1150m 剥蚀面上,具有垂直分带明显的风化壳,厚 0.8～2m,呈狭长条带形分布,宽 200～300m,延伸达 1.5km,坡度为 0°～10°,面积 0.7km^2。底部发育山地泥炭沼泽土,构成了盆地区的含水层。以往这里曾开采出千亩农田,"千亩田"地名亦由此而来,是浙西北保存完好、面积较大、系统完整的典型一级剥蚀面,对研究第三纪新构造运动地壳多次间歇性抬升幅度和历史、沼泽泥炭层与古气候以及汇水与龙门峡谷的流水侵蚀作用,都具有重要的科学意义。

3　浙江地质公园

龙门三叹

千亩草甸

大明山省级地质公园是自然与人文景观的完美组合,在公园内,有丰富的大明文化传说,每年的江南红叶节和万松岭高山滑雪节,已成为盛大的文化体育活动。

科普站台

◎ 什么是花岗岩地貌?

花岗岩地貌指在花岗岩体基础上,各种外动力作用下形成的形态特殊的地貌类型,大多具有山挺拔、沟谷深邃、岩石裸露、多球状岩块、多弧形岩壁、多崩块等特征。

◎ 花岗岩地貌是如何形成的?

第一阶段——冷凝成岩和深成阶段:岩浆从地下深处向上侵入,到达地壳的一定部位(一般在3km以下)而冷凝结晶,形成岩体。在冷凝结晶的过程中岩浆体积发生收缩,从而在花岗岩体中产生裂隙,即原生节理。花岗岩中的原生节理一般有3组,彼此近于垂直,3个方向的节理把岩体切割成大大小小的近似立方体、长方体的块体。地壳运动的作用下,也会沿部分节理发育断裂构造,或形成新的节理。

第二阶段——上升到接近地表风化阶段:花岗岩体接近地表,地下水作用增强。在地下水作用下,花岗岩中的主要矿物长石变成了黏土矿物。这种变化最易发生的部位是被原生节理切割成的近似立方体、长方体的棱角处。久而久之,受原生节理切割而成的立方体、长方体的块体就变成了一个个不太规则的球体,称为球状风化,形成的球状岩块称为石蛋。

第三阶段——继续上升出露地表,形成山地并接受剥蚀。

3 浙江地质公园

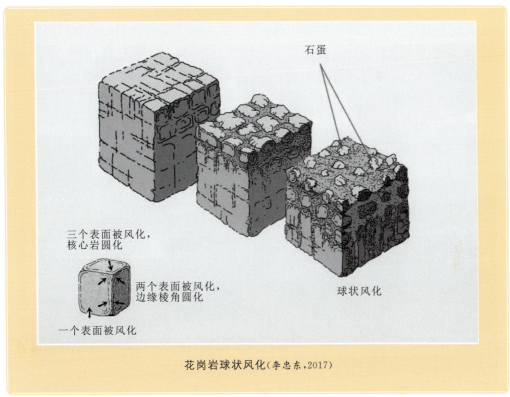

花岗岩球状风化（李忠东，2017）

3.12 象山花岙岛省级地质公园

象山县位于浙江省东部沿海地带，三面环海，一线穿陆，是典型的滨海半岛县。象山花岙岛省级地质公园座落于象山县南部高塘岛乡内，由花岙岛及附近大小甲山岛、清凉屿等岛礁组成，地质遗迹分布北起柱门港南岸，南至小甲山岛屿，西达黄屿门山岛，东至清凉屿岛，总面积约 35.7 km²。2015 年 1 月，象山县花岙岛地质公园获得浙江省国土资源厅批准，成为省级地质公园。公园内地质遗迹以地貌景观类为主，地质构造、岩石矿物与矿床类次之，地貌景观类中又以海蚀海积地貌数量最多，类型齐全。

公园地质遗迹资源丰富，以气势雄伟的花岙岛石林柱状节理群、花岙岛大佛头山柱峰、花岙岛千年古樟树泥坪、小甲山海蚀拱桥以及火山岩地貌和海积、海蚀、构造形迹等为主，形成一峰、一林、二桥、三滩、四洞的遗迹景观群。大面积分布的柱状节理群、惊涛骇浪拍打的海岸，构成了一幅雄奇壮阔的山海画卷，有"海上石林"之称。结合悠久的历史文化遗存和优越的自然生态环境，花岙岛园区典型的石林柱状节理群和大佛头山柱峰构成了地质公园的核心，成为重要的科学考察、科普教育、生态景观旅游区。

花岙石林

火山岩节理石柱

3　浙江地质公园

公园内还有被誉称"中国沿海第一崖滩长廊"的东陈乡红岩长廊地质遗迹群。红岩长廊位于象山县东部东陈乡内,南起稻蓬山王家,北至下出埠捕造湾,西靠平石岭沿海南线道路,东至藕岙山岛。地质遗迹群总体以湖相沉积岩形成的海蚀海积地貌为主,辅以火山岩地质构造形迹等地质遗迹。海积地貌主要有东旦沙滩,海蚀地貌有红岩长廊海蚀平台(阶地)和海蚀沟、海蚀穴、海蚀崖等海蚀景观,内容丰富,景观奇特,如同一个微缩的地质博物馆,具有很高的科研价值和旅游观赏价值。

红岩长廊海蚀平台(阶地)是一处长达1000m的海蚀平台景观带,如一条海洋山水画廊,有"海上仙子国,万象图画里"的美誉。红岩如削,彩岩层叠,似高昌古壁,千孔百疮,岿然屹立,奇伟瑰丽的山崖立面与光怪陆离的海滩平面线构成特异海蚀地貌,为我国海洋旅游景观一绝。

红岩长廊海蚀平台(阶地)

象山花岙岛省级地质公园,是浓郁海滨景观和丰富人文资源的完美组合,是"天人合一"的伟大创造。早在南北朝时,这里就被称为"南天七十二福地"。南宋著名爱国文人文天祥,在《过乱礁洋》诗中称象山虽不高,却不乏奇景。大佛头山在唐、宋时就被当作航海标志。明末清初张苍水兵营遗址和近代著名历史学家陈汉章故居,均被列入县级重点文物保护单位名录。象山的"中国渔村"是国内最大的综合性海洋文化景观。

科普站台

◎ 海岸地貌有哪些类型？

海岸地貌指海洋和陆地在各种地质营力的相互作用下产生于海岸上的地貌形态，其中包括波浪侵蚀地形和堆积地形，如海蚀崖、浪蚀平台、风暴阶地、沿岸沙坝凹槽及海滩等地形形态。

◎ 海蚀龛与海蚀穴有何区别？

海蚀龛又称海蚀壁龛，指海蚀岩岸与海面接触处受海蚀作用形成的深度小于宽度的凹槽；深度大于宽度的凹槽称海蚀穴或海蚀洞。海蚀龛和海蚀穴是指示海平面变化的重要标志之一。

◎ 浙江省典型柱状节理景观还有哪些？

浙江省临海大塸头、衢江小湖南、嵊州下王等地，均有发育非常典型、规模较大的柱状节理群，岩性以碎斑熔岩、玄武岩等为主。

4 浙江矿山公园

4 浙江矿山公园

4.1 遂昌金矿国家矿山公园

遂昌金矿国家矿山公园位于浙江省丽水遂昌县东北部,距遂昌县城 16km,2005年 7 月,经国土资源部批准建设,成为全国首批国家级矿山公园,总面积 33.6km²。

遂昌金矿矿冶历史悠久,历代迭经废兴。据《遂昌县志》与《菽园杂记》等历史文献记载及科学测定,该矿古代开采始于初唐,止于明末。宋代设有永丰银场;明代永乐、宣德年间,成为全国最大的矿银产地,其探矿、采矿、冶炼技术长期居世界领先水平。历代开采遗迹千姿百态,扑朔迷离,其规模之大,探矿、采矿、选矿、冶炼工艺之先进,令人叹为观止。现代采矿区域方圆数千米,上下 20 余层,纵横交错,四通八达。

黄金隧道(遂昌金矿国家矿山公园提供)

为了做好矿山环境治理,保护矿山的自然、历史文化遗迹,认真开展矿业科普知识宣传和矿业遗迹研究工作,遂昌金矿积极响应国家的号召,于 2005 年 7 月成为全国首批、浙江省唯一具备国家矿山公园建设资格的矿山企业。2007 年 12 月 18 日,遂昌金矿国家矿山公园项目建成并揭碑开园,成功地把丰富的矿业遗迹、悠久的采矿历史、巨大的古代名人效应和良好的矿山生态环境优势等资源整合为一体,形成了一个立体景观环线,以线串点,构成"一线、两带、四区"的布局。公园的规模和管理品质已使遂昌金矿国家矿山公园成为丽水市龙头景区之一,项目的建设既利用了矿区废旧设施,又改善和保护了矿区的生态环境,是国家循环经济和可持续发展的实践工程。

唐代金窟:在诸多矿业遗迹和采矿遗址中,唐代金窟古矿硐规模最大,保存最完整,文献记载最丰富详实,是国内稀有的有条件恢复"烧爆法"采矿、"灰吹法"冶炼工艺场景的矿山,对矿冶科技史和历史文化研究具有重要意义。经中国地震局国家重点实验室对矿硐内的堆积层进行 ^{14}C 测定,其开采年代最早可追溯到唐代初期。金窟里气象万千,硐中有硐,硐硐相连,扑朔迷离犹如地下迷宫。

唐代金窟(遂昌金矿国家矿山公园提供)

明代金窟:位于唐、宋、明金窟的最底部,距地表老硐口垂高 148m。1977 年,遂昌金矿 500m 中段探矿巷与老硐底部贯通,明代金窟入口老硐重见光明。明代万历二十五年(1597 年),时任遂昌县令汤显祖在朝廷委派的矿使太监曹金的逼迫下,组织开采,为排除矿坑积水,"增车至一百三十五辆",但"车戽三年杳无底绩"。汤显祖不满朝廷矿政暴虐,作《感事》诗云:"中涓凿空山河尽,圣主求金日夜劳。赖是年来稀骏骨,黄金应与筑台高。"将矛头直接指向神宗皇帝朱翊钧,下定了辞官的决心。次年初,汤显祖离任回乡,一年后"石崩,毙百余人",古代开采由此停止,遂湮没无闻。据史记载,此金窟开采黄金累计近 10 万两,新中国成立后浙江省脉金生产的第一桶金采自这里,填补了省内空白。

4　浙江矿山公园

明代矿硐遗址（遂昌金矿国家矿山公园提供）

　　黄金博物馆：布展面积 1100m²，陈列展品 200 余件，内容涵盖古代和现代的地质、采矿、选矿、冶炼知识和黄金文化、矿业文化知识，是一处珍贵的矿业遗迹资源，也是探索古代采冶技术，展示现代矿业文化，开展科普教育和爱国主义教育，提供旅游观光和科研教学活动的理想场所，有效促进了遂昌金矿经济和社会的可持续发展。

　　揖金亭：明万历年间，神宗皇帝派遣太监曹金到遂昌监督开矿。曹金路过此处，见两溪潺潺的流水在此融聚成一泓宁静的水潭，前有古槐盘曲，后临朱栏小桥，遂命侍从停轿细察，顿感此地为绝佳的风水宝地，经向山野村夫仔细打听，方知不远处便是当时全国著名的银矿场——遂昌永丰银场所在地银坑山的山脚下。曹金一行便在离此处不远的刘坞村安顿下来。经精心准备选定吉日良辰，在此大办祭祀仪式，以祈求上苍能赐予朝庭更多的金银财宝，该亭便由此得名揖金亭。

近代采矿工艺展示（遂昌金矿国家矿山公园提供）

美丽浙江·地质环境资源

遂昌金矿国家矿山公园自然生态景观优美,古代矿业文化、现代工业文明和黄金文化内涵丰富,是全国唯一挂牌"中国黄金之旅"的 AAAA 级旅游景区、省级科普教育基地和首批浙江省工业旅游示范基地,是旅游休闲、会议度假、科普教育的理想之地。

科普站台

◎ 什么是矿山公园?

矿山公园指的是以展示矿产地质遗迹和矿业生产过程中探、采、选、冶、加工等活动的遗迹、遗址和史迹等矿业遗迹景观为主体,体现矿业发展历史内涵,具备研究价值和教育功能,可供人们游览观赏、科学考察的特定空间区域。

◎ 建设矿山公园的目的是什么?

建设矿山公园的目的是保护矿业遗迹,展示人类矿业文明,改善矿区生态地质环境,推进矿区经济可持续发展。

中国国家矿山公园标志

◎ 岩金和沙金有何不同?

据科学的测定与推断,大约在 26 亿年前的太古宙,火山喷发把大量的金元素,从地核中沿着裂隙带到地幔和地壳中来,后经海洋沉积和区域地质作用,形成最初的金矿源。大约在 1 亿年前的中生代,因受强大外力的作用,地壳抬升褶露出海面,金物质活化迁移富集,形成金矿田,即我们所说的岩金,遂昌金矿就属于岩金类型。在岩金富集地带,岩石氧化后往往留下许多自然金。

地表浅层的岩金,经过数千万年的风化与剥蚀,岩石变为沙土。因金的性质稳定,被解离为单体,在河水的搬运过程中,由于其相对密度大,因而在河流的稳水处沉积下来,形成沙金矿。沙金具有亲和力,在河水的搬运过程中由小滚大,形成大小不等的颗粒金。迄今为止,人类发现的最大自然金块重达280千克,产于美国的加利福尼亚州。

◎ 古人的找矿方法有哪些?

古人的找矿方法主要有两种:一是根据矿苗找矿。最著名的是战国时期的《管子·地数篇》,书中记载:"上有丹砂者(丹砂又名辰砂,炼砒霜的原料,有毒),下有黄金;上有慈石者,下有铜金(黄铁矿);上有陵石者(陵石即孔雀石,呈淡绿色),下有铅、锡、赤铜;上有赭者,下有铁。此山之见荣者也。"所谓"山之见荣",就是矿苗的露头。二是根据植物找矿。南北朝有名的植物找矿著作——《地镜图》中记载:"山上有葱,下有银;山上有薤,下有金;山上有姜,下有铜锡;山有宝玉,木旁枝皆下垂"等植物找矿法。

◎ 古人是如何开采金银矿石的?

明代《菽园杂记》详细记载了用"烧爆法"采矿的情景。当古人判断岩石中含有黄金时,他们就会在岩石的底部搭建一个简易的灶台,然后在灶内放入木柴、薪炭进行煅烧,当岩石达到一定温度后,迅速泼上冷水,岩石骤然遇冷,就会自然脱落或产生裂缝,即可采出矿石。唐代金窟现场遗存着不少呈椭圆形的光滑凹坑,叫烧爆坑,就是当时采用"烧爆法"开矿的痕迹。

◎ 金银矿石中能直接看到黄金、白银吗?

作为稀有贵金属,金、银在矿石中的含量是很低的,且以极细的粒度赋存。遂昌金矿矿脉生于石英岩中,呈微细粒与多金属硫化物共生,黄金含量仅为百万分之几,肉眼根本无法识别。

◎ 古人是如何从矿石中提炼出黄金、白银的?

明代《浙江通志》等详细记载,古人采用了先进的"灰吹法"冶炼工艺。具体工序有5道:第一是磨矿,水碓是古人磨矿的主要设备,通过水力作用将大块的矿石粉碎,然后通过石磨,将粉碎的矿石磨成粉末。第二是水洗,将矿石粉末放在水中淘洗,留下金银较多的底部淤积层。第三是制团烧结,将金银泥和米饭等混合在一起做成米团,分层垒成堆,在干柴堆上燃烧,烧结成干脆的碳团。第四是铅还原,把碳团碎粉与铅混合熔炼,捕收非金银金属,冷却后余下的物质多为金银混合物,然后用硫与混合物熔炼,先析出金形成金泥,再重复一次析出银,形成银泥。第五是灰吹法,把草木灰与金泥混合,去除金泥、银泥中的重金属,吹去草灰,便可收获高纯度的黄金和白银。

其中的制团烧结工艺,直到1911年才由德国人发明。"烧爆法"开采、"灰吹法"冶炼,这些曾经领先于世界的中国古代矿业技术,在遂昌金矿区的唐代金窟得到了有力的佐证。

4.2 温岭长屿硐天国家矿山公园

长屿硐天国家矿山公园位于台州温岭市,是一处极其稀有的多形式、多时代复合的采石遗址,是人类石文化的重要结晶与见证,同时发育了隋唐、宋、明、清至民国及现代采石遗迹的典型采石遗址。历代遗迹因生产力的不同而表现为露天采、半露天采与硐采等多种形式。公园总面积 10.9km², 核心区面积 2.0km²。2010 年 5 月,经国土资源部批准,温岭长屿硐天矿山公园列入第二批国家矿山公园资格名单;2010 年 9 月,经国土资源部验收同意正式揭碑开园。

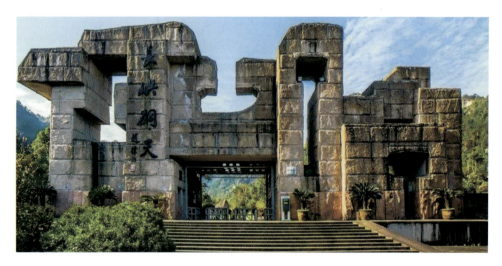

长屿硐天国家矿山公园大门

4 浙江矿山公园

长屿硐天有 1500 余年的采石历史，形态复杂，规模宏大，共留下 28 个硐群、1314 个硐体，形成了千姿百态的石壁长廊，虽由人凿，但宛若天成，被誉为"天下第一硐"。硐室总面积约 29.8 万 m^2、硐群容积 568 万 m^3 的长屿硐天，于 1998 年 4 月被吉尼斯记录为"世界上规模最大的人工石硐"。长屿硐天山体系北雁荡山余脉，山峦海拔在 150m 左右，属低山丘陵。《嘉庆太平县志·地舆三》载："屿不甚大而最有名，并石苍、黄监或统称'长屿'。"长屿硐天因峰峦蜿蜒起伏，犹如海上一座狭长的岛屿而得名。

观夕硐：位于长屿硐天凤凰山北麓，是千年采石留下的最大硐群，有 348 个硐体，硐内面积 5.38 万 m^2，容积 131.21 万 m^3。硐内凝灰岩削壁成廊，天窗顶空，石架悬桥，层叠有致，变幻莫测，更有硐积水成潭，犹如硐中长河，泛舟畅游别有一番情趣。全硐由九曲含珠桥、岩硐音乐厅、弥勒大佛、坐井观天、硐天宝碗、赏月台、观音壁、观止亭等景点和游船娱乐项目串连成线，步移景异，风情万千。

观夕硐窟

水云硐：位于长屿硐天西园区凤凰山北麓，由 52 个硐体组成，其中透天硐 6 个，水硐 8 个，总面积约 1.5 万 m^2。硐体空旷通透，气势磅礴。岩壁上的天然壁画，由铁锰质化合物晕染而成，宛如形态万千的巨画。硐内建有石文化博物馆，是我国最大的硐穴式博物馆，由奇石馆、艺术馆、生活馆、采石馆、休闲馆及名人字画馆等展馆组成。《神雕侠侣》《鹿鼎记》等多部著名影视剧组曾取景于此，为水云硐增添了几抹亮丽色彩。

双门硐：位于园区凤凰山北麓，硐窟面积达 2.2 万 m^2，是一处以石窟文化和道教文化为主要特色的旅游胜地，由石园、盘龙潭、未然亭、石窗迷宫等景点组成，风光秀丽，云迷松径，石漏溪声，瘦峰幽谷，深硐明宫，摩崖石壁丰富多彩，石窟凿像千姿百

水云硐窟

态,还有精妙深玄的道家故事壁画,是集青山秀水、自然风光、宗教文化、石文化景观于一体的避暑休闲好去处。明朝李璲有诗云:"独秀峰边翠作堆,幽栖如入小蓬莱。"

双门硐窟

壁画天成:长屿的石硐中,不但有规模宏大的硐群等人工巨制,还有堪称"硐天一绝"的天然壁画。在水云硐有两幅巨型抽象壁画尤其引人注目。走进硐内,最先看到的是瘦骨嶙峋但遒劲有力的梅桩,颇有泼墨画的风格,写意自然而狂放,用色沉凝却不涩,不羁性格分毫毕现,颇具大师手笔。拾级而上,可以看到另外一幅风格迥异的壁画,尽管色泽相同,但画风走的是曼妙的路子,缕缕柳丝从上垂下,影影绰绰,虚虚实实,似欲随风而起,又似垂眉细思,让人难以琢磨。其实,这两幅壁画是天然之作。地下水沿着硐壁上的裂隙流下,其中的氧化铁将流水的路径印染成黄色、黑色,最终形成现在看到的天然壁画。

4 浙江矿山公园

天然壁画

岩硐音乐厅：如果说壮观的石硐是人工的第一道风景，那么别具一格的岩硐音乐厅则是另一道人工风景，而且是飘着音乐的风景。岩硐音乐厅建于观夕硐内，面积逾 $2000m^2$，能同时容纳近 700 人。无需电器设备，全靠原声民族乐器，你就可以站在任意一个角落欣赏到自然的立体声了。2002 年，德国的北莱州交响乐团还在此举行了一场"莱茵河之声"岩硐音乐会。在欣赏音乐之余，或许你会禁不住感叹长屿石工的伟大和智慧。

岩硐音乐厅（温岭长屿硐天国家矿山公园提供）

石雕:"黄岩蜜桔雁荡松,太平石工天台钟",这是明嘉靖时就流传的民谣。温岭石匠之技艺精湛,源远流长,由此可见一斑。"不朽的诗篇,凝固的音乐",这是对石雕艺术最高的赞扬。作为石头文化最精华的代表,石雕自然最能说明当地石文化的水平。因此,温岭的石文化在明朝时已经深得人们的认同。

长屿硐天内的石雕以当代雕塑为主,以佛道两教为主题,数量众多,形态优美,尤其是那尊净瓶观音手中所持的杨柳枝,刚柔相济,独具匠心,难度之高足以体现雕刻者卓越的雕刻技巧。

长屿石雕

长屿硐天地质构造独特,硐群规模宏大,开采方式、硐天风光、文化景观独特,集自然景观、采石文化、宗教文化、建筑艺术、生态科技之大成,构成了独特的硐天文化,其内涵是充分显示人对自然合理利用、人与自然和谐共处以及顽强奋斗的社会人文精神的特殊石文化,"虽由人作,宛若天成",这是一个延续1500多年历史的石头传奇。现今由此推演的一系列石文化活动,让人感受石文化内涵之美,品读人文和谐之韵,石文化得以持续发展。

4　浙江矿山公园

科普站台

◎ 石文化主要表现在哪些方面？

中国石文化历史久远，人类与生俱来就和石联系在一起，人类的文明从石器时代开始。从生活用品到艺术品，从镇宅石到庭院石，室内的摆件石及个人的手玩石，形状各异的奇石，破译历史的化石，天外来客的陨石，色彩斑斓的矿石、宝石，石文化贯穿着整个中国历史。石因无声而平实恬淡，因凝固而悠远永恒。面对千姿的石头，面对百态的人生，石文化已融入人们的点滴生活，丰富人生阅历，愉悦众生心情，专注自然美、社会美、艺术美。

◎ 古采石的工艺流程是什么样的？

(1) 前期选择：①开面。露天和半露天开采时，一般先沿自然裸露基岩进行开采。②摆方向。只有沿着岩石软弱面开采，石板才能顺利采出，确定开采方向是能工巧匠的主要经验技术之一。③试采。确定了开采方向后进行试采，确定开采对象。

(2) 打岩头：开采的前期工作。在工作帮一端凿坯，再使用小锤与铁錾从孔坯底部往工作帮方向锤出裂缝。打岩头因为是板材生产的关键技术，一般只有经验丰富的老师傅（石工）才能完成此道工序。

(3) 打断：对非工作帮进行打断，使非工作帮与四周围岩脱离。

(4) 打销：在孔坯眼底部向后落头方向锤击产生裂缝的工序。

(5) 挂岩：用短柱子撑住孔坯，使打岩头部分岩石在后续阶段中不往上移，否则开采容易失败。

(6) 划线：按照板材的规格尺寸，在工作面岩面上预先划定石板尺寸大小。

(7) 凿铮：从工作帮开始向非工作帮方向凿孔打销的过程。按照划线，空位布置从密到稀顺序进行。由此，工作面几百至上千平方的石板材就与下部岩体基本整体分离。

(8)出板:取出拄岩头的撑子,开销取出打岩岩条,按照板材尺寸凿取板材。至此,开采工作面的一个采石工序循环结束,清场后进行下一个工作循环。

古人采石工艺流程示意图(来源温岭长屿硐天国家矿山公园提供)

◎ 长屿硐天的采石历史是怎样的?

长屿硐天的采石始凿于南北朝,兴于宋代、明代、清代,是绚烂的浙江采石文化历史中的重要组成部分。

(1)南北朝—隋唐时期的条石开采初期:始于1600多年前的魏晋以后,在距今1500年前的南北朝时期,开采规模不大。至隋唐年间,农业兴盛,开采规模有所扩大,以条石为主,少量石板。留下的采石遗址为小型的露天阶坎式及直穴式采坑。

(2)宋代的条石与石板开采高峰期:距今1000年前后的宋代,南宋迁都临安,国家政权中心南移,水利交通、城镇建设的兴起,修筑海堤和水闸工程用石的大量需要,使长屿的石板石料生产终于发展成为统一行业,催生了长屿地区第一个采石高峰期的到来,所采石料为条石和石板。留下的采石遗址为较大型的露天阶坎式、直穴式采坑和半露天覆钟式采坑。

（3）元明时代的零星开采期：宋以后，经济衰退，发展滞缓，仅有零星开采活动，主要用于道路和城镇建设。明初，倭寇扰乱沿海，长屿石板石料又普遍使用。至明成化年间设置太平县后稍为好转。

（4）清代石板开采高峰期：采石活动在丘陵地带全面展开，所采石料为石板和条石，主要用于城镇、寺院、民居、水利、道路建设。留下的采石遗址以半露天覆钟式采坑为主。清代光绪年间，再次兴修水利工程。清道光十九年（1839）8月，李裕泰创办长屿石矿。

（5）近代和现代高速开采期：民国时期，矿场增加到 70 多家。长屿所产的石板，除本地需求外，还销往临海、黄岩、宁波，更远销东南亚国家。新中国成立后的 50 多年间，由于大规模建设用石需求，现代采矿技术融入采石工艺，采掘和运输条件大为改善，开采速度和规模大幅提高，长屿采石活动高速发展，硐窟采坑迅速向山体内部延伸，形成了恢宏壮观、结构复杂的采坑硐窟群。所采石料以石板为主，留下的采石遗址为平硐连结成链状的井下直穴式采坑和覆钟式采坑。

4.3 宁波伍山海滨石窟国家矿山公园

宁波伍山海滨石窟国家矿山公园位于浙江省宁海县长街镇东海之滨的三门湾畔。公园总面积 18.12 km²，其中核心区面积 0.46 km²。伍山海滨石窟处于滨海丘陵平原，地势平坦，由南北排列海拔不足百米的松岙山、道士岩、不周山、聪明山、石兰山 5 座低矮山岗组成，历经宋、元、明、清几百年的采掘，现存有 14 个石窟群，800 多个硐窟，以其雄奇变化、藤树水景和海洋风情，不同于中国其他采石遗址。2010 年 5 月，经原国土资源部批准，宁波伍山海滨石窟矿山公园列入第二批国家矿山公园资格名单；2013 年 6 月，经原国土资源部验收同意，正式揭碑开园。

伍山石窟是中国沿海现存丰富完整和典型的古代硐窟采石遗址之一，单硐硐壁多处高逾百米，为中国沿海采石硐窟中单硐硐壁罕见之高度，其科学合理的石窟采石技术，在当时的中国古代具有先进水平。现存大量的台阶、排水槽、软桥、硬桥、横梁、凿锛针、裁料和古代工匠留下的文字等遗迹，清晰地反映了当时的开采场景，可直观了解科学合理和巧妙统筹的古代采石工艺，对研究 1000 多年来中国沿海石材开采历史具有重要意义。

美丽浙江·地质环境资源

宁波伍山海滨石窟国家矿山公园主碑广场

海滨硐窟

优质石材：伍山石窟的岩石，是1.2亿年前茶山破火山喷发形成的含角砾玻屑凝灰岩和火山活动空落相产物，兼有岩浆熔结和碎屑沉积两种成因，同时兼有岩浆岩和

4 浙江矿山公园

沉积岩的两种特性,具体表现为低密度、高强度,性能多样。微弱的沉积特征,可开采出较薄的大面积石板;岩石结构均匀,岩体完整,是建筑用途的优质石材。

奇妙硐窟:伍山石窟已发现30余个硐窟群,800多个形态各异的硐窟。有的形如巨钟,顶如覆锅,四壁如桶;有的形如古代军旅幕帐,长崖峭壁,雄伟惊险;有的如巨大方井,自地面或硐中垂直而下;高度(深度)数十米至100余米,底部直径10～30m不等。多数硐体自山顶而下,深入山体,或硐中开凿隧道,平硐出山。硐窟的组合形式,有孤硐、双硐和多硐相通的群硐,上下相叠,左右相通,硐硐相连,硐硐生奇,曲折回环,幽深莫测。穿岩透空如天窗,削壁横切似长廊,高下层叠成楼阁。有的硐窟积水成潭,深不可测,一泓碧水,晶莹如玉;有的硐壁渗水织彩,天然壁画,色彩斑斓,奇妙无比。

石泄龙吟(竖井硐体)

生命与灵动:①硐体雄奇变化。宏阔如宫殿,玲珑如斗室;窟顶天窗,斜开旁出、忽明忽暗;硐之组合多姿多变,左右相通,上下相叠,硐硐相连,缀为迷宫。②硐内藤树水景。风和鸟兽将种子带入硐窟,在阳光和雨水的哺育下,野生花草藤萝援壁凌空,风姿各异;硐内树木丛生,碧潭瀑布水景秀美,充满了生命和灵动。千百年来,大自然与古代工匠共同创造了艺术家难以想象的神奇壮美世界。③硐外海洋风情。伍山海滨石窟,东临岳井洋,西接车岙港,南面为三门湾,三面环海。山间硐内,游客随处可以观赏海洋、岛屿和港湾的风景。闻名长街镇的近海养殖和外洋捕捞,为游客品尝海鲜和参与海洋渔猎活动,创造了十分有利的条件。

空山硐

惊世工艺：在保护山体外形和植被不被破坏的同时，采用自上斜下采石的硐挖技术，统筹和环保地解决了不同石材的开采、运输交通、排水通风、工作面避雨遮阴和施工用房等施工组织设计问题。跨度和挖深均达数十米的硐体结构，保持千年不垮塌，其巧妙的结构和力学原理，已经成为当代建筑科学界的重要研究课题。

聪明山石窟群

采石悠悠历史：①始采于隋唐。根据史志记载，伍山采石至少应上溯至隋初，距今应有1400多年历史。②鼎盛于宋元。据《宁海县光绪志》宋代储国秀的"宁海赋"记载"一十六窟蟠其胸；矿石锢于蛇蟠之丘，工师钻坚而窬分；磨砻礛砌，以供百家之常需；此虽方物之所宜，抑亦他邦之鲜伍"。该志《地理志·叙山》又载"旧采蛇蟠山，嗣后松岙、道士岩亦开宕，迩年开宕处尤多"，说明宁海的蛇蟠岛、伍山等16个石窟群相继开凿,在宋代已经形成大规模的商业开采,为周边地区所少有,是宁海县对外贸易第一大宗产品。由于隋唐至元末 700 年的和平繁荣发展环境,伍山采石在宋元时期达到鼎盛。③发展于明清。明初至嘉靖年的倭患和禁海,清初至康熙年的海禁迁界,使伍山石窟开采两度停产,但明嘉靖和清康熙二十二年以后明清社会繁荣对石材的需要,仍然大力促进了伍山采石的发展。据统计,明代嘉靖后,长街镇围筑青珠塘等 8 个海塘,在清康熙后围海造田共 12 000 余亩,围筑海塘 12 个,由此产生大量采石需要。④衰败于鸦片战争以后。水泥建材在中国的推广和发展,导致石材需求不断萎缩,但民国初年,伍山的采石工匠尚有 1000 人以上。1956 年,伍山成立石业生产合作社,日产石板 180 多张,销上海、舟山、宁波等地。后因钢筋砼建材发展,石板销路日衰。⑤重生于保护性开发。2004 年,宁海县政府发文保护伍山石窟的矿山遗址,全面制止了对于伍山石窟遗址的破坏性开采。同年,长街镇与宁波伍山石窟旅游开发公司开始合作开发伍山石窟旅游项目。

伍山采石的海洋运输亦历史久远。《宁海县赋》称"其海则停纳万流,宗长四渎,控直港于稽鄞,引大洋于温福,出乌奇,通鸭绿,睇日本,睇阳谷"。宁海不仅同今浙江宁波、绍兴、温州以及福建等地经贸往来密切,还同朝鲜、日本有船队往来。

《不周赋》石刻

《不周赋》石刻:缑城东去,古驿长亭,醴泉指路,海日半壁,势拔伍山入不周。百代采石,凿窟连幢,若神擎利斧,上辟巨瓮,下贯深池。惜平旷古一怒,间作断壁残垣,铸绝世奇观。布石扉重门于幽境,设九曲秀水于迷宫。宏阔起殿宇,玲珑藏斗室;石梁风雨横戈,孤墙立碑志史。悬壁栈道,竖透天窗,俯仰裂胆惊心。霜冷云梯,抚之却步;险生层巅,迂回竟至。尺幅天地,沐剑门之雄风;幻变腾挪,攀蜀山之古径。念琼台问天,岩笼树影;叹双池并秀,石泄龙吟。岩草含花,邀妙手织锦,藤萝垂彩,绘长卷丹青。凭虚临风忆壮士,落日禺谷恋邓林。惜女娲浣石,夷羿张弓,化地崩山摧于一瞬,凝石破天惊于永恒。更乘朝雾夕岚,登高而纵览,舟岛绰约,平畴千顷,沧海共桑田。长风浩荡宜放歌,壮哉不周神山。

◎ 浙江省典型古采石遗址有哪些?

　　浙江古代采石场大多始凿于隋唐,少数地点始于晋代,兴盛于宋代、明代、清代。除了温岭长屿硐天、宁波伍山石窟两处典型采石遗址外,主要还有绍兴东湖、柯岩、吼山、衢州龙游石窟,台州三门蛇蟠岛以及丽水缙云仙都等,在人口迁徙和技术输入的背景下,为浙江采石文化熔炉留下了厚重的烙印。

◎ 古代采石是如何运输的?

　　受机械设备的限制,古代长途运输能力有限,特别是厚重如石块、木材、铁器等物质,多采用水上运输,相对马车运输成本小。因此,古代采石场多靠近水边,以船只水运运输为主。陆地上,小的石材采用牛车、马车运输;大的石材,在其下面垫上滚木或滚石,用牛、马等牲畜向前徐徐拉动,运上船只远销外地。

5 浙江地质遗迹自然保护区

为了保护和利用具有极高科学价值和不可再生的地质遗迹资源,浙江省相继建立了长兴国家级地质遗迹自然保护区、泰顺氡泉省级自然保护区、常山黄泥塘"金钉子"省级地质遗迹自然保护区和江山阶"金钉子"省级地质遗迹自然保护区,保护区的建立对区内生态的多样性和完整性起到有效保护,具有保持水土流失、改善小气候、涵养水源、防止山体滑坡和泥石流等自然灾害的功效,对促进地方经济的可持续发展、保护和美化人们的生活环境都起到积极有效的作用,特别是有利于长久发挥地学研究价值,造就破除迷信、热爱科学的氛围,使我国在国际地质学界、科学学术界获得更多荣誉。

5.1 长兴国家级地质遗迹自然保护区

长兴国家级地质遗迹自然保护区位于湖州长兴县北部煤山镇葆青山麓,低缓山岗环绕,由众多早期采石场断面形成的煤山剖面群组成,面积 $2.75km^2$。地层属江南地层区,最老地层为志留系碎屑岩;上泥盆统为一套滨海-海陆交互相的内陆碎屑岩;石炭系为滨海-滨海沼泽相碎屑岩和浅海陆棚碳酸盐岩;二叠系为浅海-三角洲相的碳酸盐岩和含煤碎屑岩;下三叠统为浅海相碳酸盐岩。

1923 年德裔美国地质学家葛利普研究了长兴煤山地区的 *Oldhamina* 腕足动物群,命名产这一动物群的地层时代为长兴期,并于 1931 年提出"长兴灰岩"一词。1959 年第一届全国地层会议后,正式命名长兴灰岩为长兴组,并建立了长兴阶(盛金

长兴国家级地质遗迹自然保护区入口

章,1962)。盛金章等(1984,1987)、杨遵仪等(1987,1991)系统阐述了长兴煤山剖面长兴组岩石地层和长兴期各门类生物化石,论证长兴阶是全球二叠系最高阶。盛金章等(1984)正式提出把长兴煤山剖面作为国际二叠系最高的年代地层单位——长兴阶层型剖面。长兴阶得到各国科学界的承认,与国外同期的 Dorasham 阶分别被认为是二叠系最高阶。经过我国学者深入研究,Dorasham 阶逐渐被长兴阶取代,1999年国际二叠系分会正式承认长兴阶为二叠系最高阶,这是第一个被正式列入国际地质年代表中的中国阶名。2001年,长兴煤山剖面成为"金钉子"剖面后,其保护工作受到了浙江省政府和长兴县人民政府的高度重视。保护区内及附近的矿山先后被关停,长兴煤山 D 剖面的排水沟、分层标示、考察平台、金钉子碑等保护设施先后建立。2004年12月,经国务院批准,建立长兴国家级地质遗迹自然保护区。2005年8月,经国务院批准,"金钉子"保护区被列为国家级地质遗迹自然保护区。

  2.5亿年前地球史上最大的一次生物绝灭事件,在这里被丰富而又完整地保存下来。在这次绝灭事件中,海洋中90%的生物、陆地上70%以上的生物都灭绝了。因此,该保护区对于了解地球历史、探索生物演化奥秘具有重要意义,也为人类探索地球的演变、自然生态环境变迁和人类发展提供有益的科学资料,为科普、教育提供一个真实直观的天然实验基地。

5　浙江地质遗迹自然保护区

全球长兴阶和印度阶底界金钉子点位剖面——中国浙江长兴煤山剖面

保护区主体为二叠系—三叠系全球界线层型剖面和点、长兴阶层型剖面及珍稀的动物群化石等地质遗迹,是全球地质科学研究的标准参照点和唯一对比标准,在地质科学上有重大的国际影响和研究价值。

其一,它是古生界(代)、中生界(代)界线,也是地球史上3个最重要的断代界线(前古生代/古生代,古生代/中生代,中生代/新生代)之一。

其二,它是地球历史上5次生物大绝灭中最大一次绝灭事件(第三次)和全球变化相关的点位,对它的研究有助于全面了解和认识大灭绝前后古地质环境、古地理环境、古生态环境和古气候环境以及生物演化进程和灭绝过程,它为再现古生代生物的演化和消亡提供了直接的科学证据。

其三,在地层学、生物地层学研究方面,界线层型剖面作为全球界线标准,奠定了地层年代划分的基础,具有全球对比意义,在科学上有其特殊的研究价值。

"金钉子"剖面的确定标志着中国地层学研究已进入世界领先水平,是一项极高的科学荣誉,对提高我国地球科学国际地位有着极其重要的现实意义,并将产生深远的历史影响。

长兴阶层型剖面:长兴阶层型剖面在长兴煤山D剖面中完整出露。"长兴阶"是国际地质年代表中第一个以中国地名命名的地质年代单位。长兴剖面中盛产鱼类、菊石、鹦鹉螺、牙形石等古生物化石,其中有27种古生物化石是在剖面上首次发现并

煤山剖面长兴期生态地层及层序地层柱状图

命名的。其中鱼类化石十几种,主要有中华煤山旋齿鲨齿、煤山扁体鱼等。这些鱼类化石既是区别岩石地层单位的可靠标志,又是研究晚二叠世古地理、古生态的重要依据。

全球二叠—三叠系界线层型剖面:2001年3月,国际地质科学联合会进行最终确认,正式将全球二叠—三叠系界线层型剖面和点(GSSP)确定在浙江省长兴县煤山D剖面的27c层之底、牙形石 $Hindeodus\ parvus$(微小欣德刺)初现点上。剖面地层内含有丰富的化石,是划分生物地层的重要依据。剖面自下而上可划分8个牙形石带,其中 $Hindeodus\ parvus$ 带生物演化谱系清晰,替代菊石 $Otoceras\ woodwardi$ 成为全球二叠系—三叠系界线分界的新的标志性化石。

二叠纪与三叠纪之交的生物绝灭是显生宙以来最大的一次绝灭。从全球范围看,二叠纪与三叠纪之交生物分类单位中目一级绝灭10个,亚纲一级2个,纲一级6个;目一级严重衰亡4个,纲一级严重衰亡3个;科一级减少52%,种数减少90%以上,在华南物种的绝灭率达90%~100%。

地质博物馆:面积4000余平方米,设有宇宙地球展厅、生物进化展厅、金钉子展厅、地震火灾逃生体验馆、4D动感环幕影院等,共计展品352件,其中动物化石192件,植物化石54件。

仿真化石墙:"生命演化奥秘"仿真化石墙,长90m,高3m,由黑色辉长岩浮雕抛光制成"生命由菌藻开始向人类演化"的进程。

仿真化石墙

"金钉子"广场：广场面积约2600m³，由花岗岩铺面、雨花石嵌花人行道构成，广场内种植国家级保护植物——"活化石"银杏林、水杉林和天竺丛，点缀菊花石、扬子鳄石雕、花岗岩地球模型、太湖石、长兴灰岩刻字碑等景观。

"金钉子"广场

全球二叠—三叠系界线层型纪念碑：纪念碑高9m，上书"全球二叠—三叠系界线层型"，顶部缀以铜质镀金的"金钉子"及不锈钢材质微小欣德刺牙形石模型，碑基刻有自然保护区及纪念碑的简要介绍。

"金钉子"纪念碑

5 浙江地质遗迹自然保护区

科普站台

◎ 什么是地质遗迹自然保护区？

对具有国际、国内和区域性典型意义的地质遗迹，可围绕其分布特征划定合适区域建立国家级、省级、县级地质遗迹保护区、段或点。1987年，由原地质矿产部颁布了《关于建立地质自然保护区的规定》，我国开始建立地质遗迹自然保护区。

◎ 国家级地质遗迹自然保护区标准有哪些？

(1) 能为一个大区域甚至全球演化过程中，某一重大地质历史事件或演化阶段提供重要地质证据的地质遗迹。

(2) 具有国际或国内大区域地层（构造）对比意义的典型剖面、化石及产地。

(3) 具有国际或国内典型地学意义的地质景观或现象。

◎ 地球上生物大灭绝发生过几次？

根据地质学家研究发现，地球上共发生过5次生物大灭绝事件，如下图所示。

第一次	第二次	第三次	第四次	第五次
发生时间：距今4.4亿年前的奥陶纪末期	发生时间：距今3.65亿年前的泥盆纪后期	发生时间：距今2.5亿年前二叠纪末期	发生时间：距今约2亿年前三叠纪末期	发生时间：距今约6500万年前的白垩纪
后果：约有85%的物种灭绝	后果：海洋生物遭到重创	后果：96%的物种灭绝，其中90%的海洋生物和70%的陆地脊椎动物灭绝	后果：80%的爬行动物灭绝	后果：统治地球达1.6亿年的恐龙灭绝

五次生物大灭绝事件示意图

◎ 二叠纪末生物大灭绝有何特点？

（1）短期内成群生物绝灭。

（2）绝灭率最高，波及全球，是地史上种群绝灭事件中最大的一次，遭受绝灭的生物类样等级高。

（3）从门、纲、目级看，绝灭正好发生在二叠系与三叠系界线处，但从属、种级看，绝灭有次序发生，具有参差不齐的特点。

（4）生态系统发生巨大变化，表现在广生性的生物类群代替了狭生性的生物类群，丰富多彩的生境条件消失，被单调的生境条件所取代。

（5）主要的绝灭发生在海洋生物界，陆地生物的绝灭事件也存在，但程度较低。

◎ 二叠纪末生物大灭绝原因是什么？

张克信、殷鸿福等通过研究提出，二叠纪、三叠纪之交生物特大集群绝灭事件不是由某种单一的灾变事件造成的，而是由多种灾变事件在时间上和空间上相互叠加或复合构成的特大灾变群所造成的。杨遵仪等对二叠纪—三叠纪过渡期的灾变首次做了系统论述，指出该灾变群所包含的灾变事件主要有生态域更变事件、缺氧事件、盐度波动事件、温度升降事件、海水酸化事件和毒物污染事件，上述事件的联合作用最终导致了地史上最大的一次生物大绝灭事件（终极事件）。

5.2　泰顺承天氡泉省级自然保护区

以"浙南明珠"著称的泰顺承天氡泉，位于浙、闽交界线上国家级生态县——泰顺县雅阳镇承天村玉龙山下，会甲溪峡谷中，距温州市区124km，距104国道（分水关）24km，有高台地、深峡谷的特点。水源发源于雅阳镇青竹洋村的雅坞尖。这里山溪蜿蜒，峰峦叠嶂，峡谷深切，崖壁峻峭，百瀑汇川，溪水长流，委婉中见雄伟，朴野中藏珍奇。小桥、流水、绿树、红花如繁星点缀，幽谧的过道，古朴的回廊，典雅的客房，赭红的家具……就像走进一个古代园林与现代别墅交相辉映的奇妙世界，自古就有"神水宝地"之称，是温州四大王牌旅游景区之一。

5　浙江地质遗迹自然保护区

群山环绕的氡泉胜景(泰顺承天氡泉省级自然保护区提供)

泰顺氡泉保护区位于华南褶皱系、浙东南褶皱带温州-临海拗陷、泰顺-温州断拗东南侧,温州-镇海深断裂东侧。基岩岩性为早白垩世西山头组陆源火山碎屑岩。矿泉北侧约 4km 处出露 3km² 钾长花岗岩,受近 310°断裂控制。

泰顺承天氡泉省级自然保护区于 1997 年经浙江省人民政府批准建立,保护区面积为 1897hm²,其中核心区面积 85hm²(其中主泉眼区面积 13.2hm²)、缓冲区面积 36hm²、实验区面积 1776hm²。主要保护对象为氡泉地热资源,同时兼顾周边独特的自然地貌和丰富的自然资源。2001 年 5 月,氡泉地热资源被列入国家级浴用医疗矿泉水名单,2013 年 6 月通过浙江省国土资源厅首批 AAAA 级温泉命名,2000 年被原国家环境保护局列为"跨世纪绿色工程"。

泉眼出口处海拔 195m,属自流泉,无色、无味、透明,表露水温 45～51℃,日出水量 500t 以上,属低矿化度、重碳酸钠型、含氡 21.4Bq/L、偏硅酸 74～106mg/L、氟 10～14mg/L 的高热温氡泉。长期实践证明,氡泉医疗效果极佳,沐浴后身舒肢展,心旷神怡,对风湿病、关节炎、银屑病、神经性皮炎以及糖尿病、心血管病等具有显著的疗效,属国家级浴用医疗矿泉水,具有极高的医疗保健效果。

氡泉浴疗源远流长,可上溯公元 1468 年,泰顺县诸史书记载许多疾病被"神水"沐浴得无影无踪。明崇祯《泰顺县志》载:"古眼洞坑,在雅阳火热溪旁。"清光绪戊寅年间《泰顺分疆录》中述:"汤泉在雅阳水口洞旁,俗谓之火热溪,泉从涧旁小石池中涌起,四时热如汤,冬日尤烈。"

氡泉泉眼

通过对热矿水补给源、水年龄及赋存介质的分析,承天温泉形成原因是热矿水在地面花眉尖及以北一带山区(汇水面积达 67km^2)接受大气降水补给后,在不断的运移、深循环过程中经长时间的水岩作用,溶滤了岩石中的矿物质,同时混入氡元素,随后沿甲溪在北东向断裂裂隙交会处形成高渗透带,发展成上涌型温泉,是浙江省内矿质温泉的典型代表,具有构造地质与水文地质的科普、科研价值。

科普站台

◎ 何为氡?

氡(Rn)是自然界非常稀有的无色、无嗅、无味气体元素,是镭在蜕变过程中产生的一种弱放射性气体。氡本身是一种惰性气体,不与其他元素结合,质量比空气重,易溶于水、油、脂肪中,更易溶于空气。水中氡的含量受水温影响,水温越

5 浙江地质遗迹自然保护区

高,氡的含量越低。氡的半衰期为 3.825 天,经过 30 天就完全消失掉,对机体不致发生毒害。氡在蜕变过程中,不断放射出具有生物学作用的 α、β、γ 射线,当蜕变到镭 D 及其后的子代产物时即无实际意义。

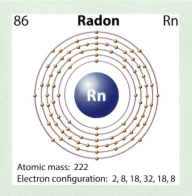

氡化学元素分子结构示意图

◎ 何为氡泉?

氡泉是指含有氡元素的泉水。在医疗上的应用,一般有浴疗、饮疗和吸收法并用。因为氡是溶脂性气体,可进入体内通透到神经组织内部,靠放射出来的各种射线起作用,刺激人体,促使皮肤血管收缩和扩张,调整心血管功能,调节神经功能,并有催眠、镇静和镇痛作用,对神经炎、关节炎、高血压及某些心血管疾病有良好疗效。

根据我国卫生部门对医用温泉的规定标准,氡含量大于 15Ba/L 即属医用氡温泉,对人体能产生某些显著的生理作用。

◎ 我国的氡泉有哪些?

我国的氡泉多为低矿化度、低氡矿泉,分 3 类:①低氡泉,温泉水里氡含量小于 10Ba/L;②中氡泉,温泉水里氡含量在 10~30Ba/L;③高氡泉,温泉水里氡含量在 30Ba/L 以上。据不完全了解,我国有名的含氡的矿泉还有贵州的息烽温泉、广东从化的流溪河温泉、北京的小汤山温泉、东北辽宁的汤岗子温泉和兴城矿泉等。

5.3 常山黄泥塘"金钉子"省级地质遗迹自然保护区

常山黄泥塘"金钉子"省级地质遗迹自然保护区位于常山县南部,中心城区与外围乡镇交界地带,交通发达,地理位置优越。常山黄泥塘"金钉子"是我国申报成功的第一枚"金钉子"(1997 年 1 月),也是奥陶系首枚"金钉子",界定的地层年代为达瑞威尔阶底界。

为妥善保护达瑞威尔阶"金钉子",根据国际地层委员会的要求,1998年初,浙江省人民政府、中国科学院和常山县人民政府联合在"金钉子"剖面上设立保护标志和界碑;1998年9月19日正式举行界碑揭幕仪式;2001年10月,纳入常山国家地质公园;2002年4月28日,经浙江省人民政府批复(浙政函[2002]71号),浙江省黄泥塘"金钉子"省级地质遗迹自然保护区正式建立,2004年保护区正式对公众开放。保护区内还包括华严寺组正层型剖面、西阳山组正层型剖面(寒武系—奥陶系国际候选界线层型剖面)、蒲塘口滑塌堆积岩剖面等,以及常山港、南门溪等自然景观资源和石崆寺、虎山公园等人文景观,总面积为20.12km²。

黄泥塘达瑞威尔阶全球界线层型剖面和点位:黄泥塘"金钉子"剖面位于天马街道黄泥塘村,天然出露于南门溪小河的南岸,沿南门溪边的东西向小路展布,长度约200m。达瑞威尔阶是以其底部的第一个生物带 *Undulograptus austrodentatus* 与下伏大湾阶顶部的生物带 *Exigraptus clavus* 的界线来定义的,其标志是 *U. austrodentatus* 带的首次出现。GSSP界线点位于宁国组四段离三段顶2.45m处,为66层与67层的分界处。东经118°29′32″,北纬28°52′14″。

剖面出露了从本迪戈阶(Bendigonian)至达瑞威尔阶的宁国组页岩夹粉屑灰岩,保存有丰富系统的精美笔石和牙形刺化石,全球罕见,是定义达瑞威尔阶全球层型点的最佳位置,为该地层单位的国际对比标准,具有重大的科学价值。在宁国组的底部和顶部发现了自生矿物海绿石与胶磷铁矿,其发现是黄泥塘剖面研究的又一重大进展,为确定达瑞威尔阶的地质年龄提供了测年物质。

"金钉子"标志碑

黄泥塘"金钉子"剖面保护长廊

5 浙江地质遗迹自然保护区

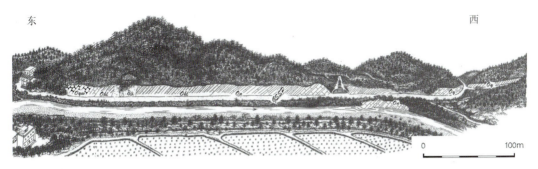

黄泥塘达瑞威尔阶全球界线层型剖面(长兴国家级地质遗迹自然保护区提供)

"金钉子"点位露头

西阳山组正层型及寒武系—奥陶系界线层型剖面:位于常山县城南西阳山育才中学南西侧,距离西阳山村约100m。天然露头沿山体剖面呈北西西—南东东向展布,长度约300m。1955年中国科学院院士卢衍豪、穆恩之等在该区工作时首次描述了西阳山的泥质灰岩和其中的三叶虫化石,并命名为西阳山组。《中国各纪地层对比表及说明书》(1982)、《浙江省区域地质志》(1989)等文献采用了上述组名。西阳山剖面是定义西阳山组的正层型,也是江南地区寒武系/奥陶系(O/∈)界线的标准层型剖面,同时也是国际寒武系—奥陶系界线层型剖面的重要参考。1983年9月,浙江省政府立碑保护。

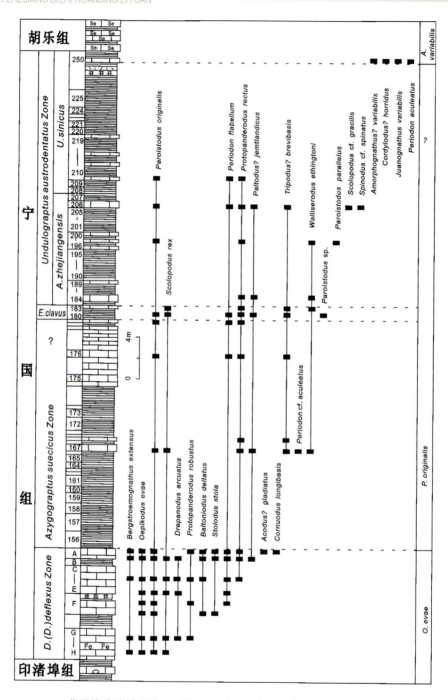

黄泥塘达瑞威尔阶全球界线层型剖面上笔石序列（陈旭等，2003）

5　浙江地质遗迹自然保护区

西阳山组地层沉积于距今 5 亿年前,它是寒武纪与奥陶纪分界的地层时代。气候和海平面等因素的变化使泥屑与钙质交互沉淀,形成西阳山剖面上交互成层的钙质泥岩与灰岩,灰岩在后期成岩过程中又被压溶和拉断呈透镜状。西阳山的岩层形成于以静水为主的过渡带环境,这一环境穿越了寒武纪的末期和奥陶纪的初期,用来指示这时代分界的三叶虫、笔石等动物遗体也沉积在海底,并被掩埋变成化石,所以这里又称为寒武系—奥陶系的重要界线剖面。

西阳山组正层型剖面保护碑

华严寺组正层型剖面:华严寺组正层型剖面位于常山县城西石崆山,石崆寺西北侧,卧龙公馆南侧,距离石崆寺约 300m。天然露头呈北西-南东向展布,长度约 300m。1955 年中国科学院院士卢衍豪、穆恩之等在该区工作时首次描述了石崆山的灰岩和其中的三叶虫化石,并以附近的华严寺命名这套灰岩为华严寺灰岩,又称华严寺组,从而成为唯一定义华严寺组的典型地区。1990 年,浙江省区域地质调查大队在石崆山北坡建立了华严寺组正层型剖面。根据野外调查及基础地质资料分析,在观音洞南侧发育有华严寺组层内平卧褶皱,且西峰—石崆—花山一线为一倒转褶皱,揭示该区地质活动较强烈。

华严寺组地层沉积于距今 5~5.2 亿年前,处于西北浅水的扬子台地与南东相对深水的珠江盆地之间的过渡带上,主要为沉积泥屑和钙质沉积物。但在 5 亿多年前的寒武纪晚期,全球发生海平面下降事件,使这一地区成为浅水区,生物活动等原因

华严寺组地层基岩露头

使海水富含钙质,沉积灰岩地层。

蒲塘口滑塌剖面:位于常山县城东南角蒲塘口村附近,320国道边,为公路修建开挖出露,剖面走向呈南东东向,长度约250m。蒲塘口滑塌堆积岩由变形层理状、角砾状、塑性涡流团状的灰色泥质灰岩组成,产"双管齐下"遗迹化石和腔球钙藻 *Coelosphaeridium*,层位稳定,分布于灰色黄泥岗组顶面之上三衢山组底部的泥质灰岩中。

蒲塘口滑塌剖面露头

5 浙江地质遗迹自然保护区

剖面揭示的滑塌堆积岩延伸稳定，规模宏大，是华南该时代仅有的同类地质遗迹。该遗迹不仅指示了当时斜坡古地理环境，同时与其伴生的岩相变化带一起指示了该时代基底的构造活动。这种相互印证的地质现象所表现出的系统性和完整性少有，在江南广西运动的研究中，这种直接的地质依据属首次发现，对重塑江南盆地地史具有重大价值。

科普站合

◎ 为何黄泥塘"金钉子"地层单位取名为达瑞威尔阶？

达瑞威尔阶原来是澳大利亚一个地区性的年代地层单位，是奥陶系的第4阶，属中奥陶统。在黄泥塘"金钉子"正式确立以后，达瑞威尔阶这一名称未更改，仍然延续使用，从此成为正式的全球年代地层单位。

◎ 地质遗迹自然保护区的目的有哪些？

建立地质遗迹自然保护区的目的主要有：有效地保护"金钉子"剖面等地质遗迹及周边自然环境；丰富地区旅游业的科学内涵，促进科普、科教，提高民众素质；便于进一步研究，不断提升地学地位；取得一定的经济效益，提高地区生活水平。

◎ 我国第一枚"金钉子"建立历程如何？

达瑞威尔阶"金钉子"的成功确立，实现了中国"金钉子"零的突破，是中国年代地层研究领域的重要里程牌，它的建立历程如下。

20世纪70年代的区域地质调查中，达瑞威尔阶"金钉子"被浙江省区域地质调查大队俞国华等人发现；

1990年第四届国际笔石大会上，杨达铨首次全面报道了该剖面；

1991年，中国奥陶系国际界线层型工作组对"三山地区"（江山、常山、玉山）早中奥陶统的6条剖面（常山黄泥塘、江山横塘、黄泥岗、丰足、拳头棚和玉山陈家坞）进行了生物地层学研究，探讨了以 *Undulograptus austrodentatus* 笔石带的底界建立奥陶系内次一级年代地层单位界线层型的可能性,这一研究成果直接导致了达瑞威尔阶全球层型剖面点在常山黄泥塘的确立;

同年,在澳大利亚悉尼召开的第六届国际奥陶系大会上,建立奥陶系不同等级年代地层单元的"金钉子"成了中心议题,会议根据"金钉子"的条件评述了9条候选剖面;

1993—1995年,陈旭、张元动等深入研究了该剖面,并组建国际界线工作组对其进行了国际对比,工作组一致提议该剖面为达瑞威尔阶的全球层型剖面点,并在发表了研究报告后最终获得了国际奥陶系分会、国际地层委员会、国际地质科学联合会执行局的通过和批准;

1994年国际界线工作组在三山地区调查后,一致提议该剖面为金钉子GSSP;

1996年7月,国际奥陶系分会委员会通过了以陈旭为首的工作组提案报告;

1997年1月获得了国际奥陶系分会、国际地层委员会、国际地质科学联合会执行局的通过和批准,黄泥塘地层剖面正式确立为中奥陶统达瑞威尔阶的全球界线层型剖面,即达瑞威尔阶"金钉子"。

我国第一枚"金钉子"——浙江常山黄泥塘剖面(张元动等,1995)

5.4 江山阶"金钉子"省级地质遗迹自然保护区

江山碓边寒武系江山阶"金钉子"省级地质遗迹自然保护区,位于江山市北部与常山县接壤的塔山街道碓边村,距江山市约10km,交通便捷。国际地质科学联合会主席 Alberto C. Riccardi 于2011年8月3日签署文件,正式确立江山阶"金钉子"GSSP点,为全球界线层型剖面,这是中国第10枚"金钉子",浙江省第4枚"金钉子"。

江山阶"金钉子"省级地质遗迹自然保护区主碑

保护区属于构造侵蚀剥蚀低山丘陵区地貌,山间河谷属钱塘江水系。区域上属于扬子古大陆东南缘江南地层区,发育了系统完整的南华系、震旦系、寒武系和奥陶系地层剖面,记录了浙西距今约4.8亿年广海、浅海、陆棚、盆地斜坡、沉积环境。

保护区主体——碓边寒武系江山阶"金钉子"地质遗迹剖面(B剖面),属全球寒武系江山阶界线层型剖面和点位(GSSP),为寒武系第4个统中的第9个阶,其底界以东方拟球接子三叶虫化石 *Agnostotes orentalis* 首现为基准。

江山碓边上寒武统地层剖面的寒武系与奥陶系呈整合接触,界线上下岩层连续沉积,岩性逐渐过渡,所含的三叶虫化石 *Agnostotes orentalis* 大多沿层面分布,出露系统完整,演化序列最清晰,建立了完整的三叶虫分带体系。同时,根据对剖面上化

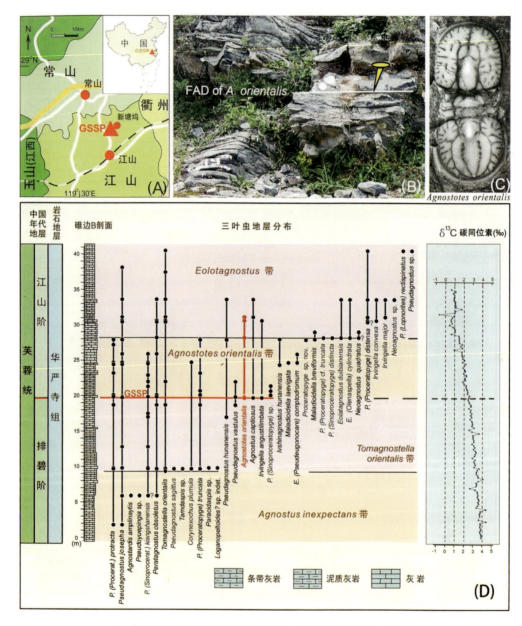

寒武系江山阶全球年代地层单位界线层型剖面和点位

(A)全球寒武系江山阶"金钉子"(GSSP)的地理位置;(B)江山阶全球层型剖面的界线地层;(C)定义江山阶底界的球接子三叶虫 *Agnostotes orientalis*(Kobayashi,1935);(D)寒武系碓边 B 剖面江山阶底界界线层段的三叶虫地层分布和分带(Peng et al.,2020 修改)

石带的分析,该区域寒武系—奥陶系分界应划在上寒武统西阳山组顶部 *Lotagnostus hedini* 带与下奥陶统印渚埠组底部 *Hysterolenus* 带之间,Tremadoc 阶的底界即为奥陶系的底界,这基本反映了东南区系及过渡区系部分地区寒武系—奥陶系之间的分界线,比某些欧洲学者提出的将奥陶系底部划在上 Tremadoc 阶的底部或 Arenig 阶的底部更加合适。

FAD=First Appearance Datum; *C.=Corynexochus, A.=Agnostotes*

江山阶"金钉子"剖面现状

通过长期对比和研究,寒武系第九阶底界以三叶虫化石 *Agnostotes orentalis* 首现为标准的建议方案,通过了国际地层委员会的投票表决。由此,碓边大豆山被国际地层委员会确定为全球寒武系界线层型剖面点,即寒武系第 9 个阶界线——江山阶"金钉子"。

江山阶"金钉子"剖面科普走廊

◎ 省级地质遗迹自然保护区标准有哪些？

(1) 能为区域地质历史演化阶段提供重要地质证据的地质遗迹。

(2) 有区域地层(构造)对比意义的典型剖面、化石及产地。

(3) 在地学分区及分类上，具有代表性或较高历史、文化、旅游价值的地质景观。

◎ 江山阶"金钉子"剖面有何科学意义？

(1) 为寒武系地层古生物研究、地层学研究、古生态学研究以及今后国内外学术交流和考察活动建立良好的学术平台。

5　浙江地质遗迹自然保护区

(2)以此为平台,开展寒武纪地质及古生物演化科普教育活动,增进对地球寒武纪"生命大爆发"的了解和认识。

◎ 江山阶"金钉子"剖面是在什么环境下形成的?

早寒武世大陈岭期——中寒武世杨柳岗期,保护区所在区域海水相对较浅,为盆地斜坡地带,沉积了黑色纹层含灰岩透镜体泥质灰岩、纹层灰岩、生物碎屑灰岩和白云质灰岩,生物较丰富,有球接子、三叶虫和少量腕足类,反映了地势平缓和水体略有动荡的沉积环境;晚寒武世华严寺期,区内处于广海陆棚区;西阳山期,海水开始退却,区内再次成为盆地斜坡地带;早奥陶世印渚埠期,区内为浅海陆棚相,沉积了含笔石页岩和含三叶虫泥岩。

6 浙江古生物化石

　　古生物化石是地质历史时期形成并赋存于地层中的动植物实体化石和遗迹化石，它是地球演变、生物进化等研究的重要证据，是宝贵的、不可再生的自然遗产，具有极高的科学研究价值。

　　在地质演化历史上，自青白口纪至晚古生代末，浙江西部地区经历了华南洋、江南海盆和钱塘海槽等长期不同阶段的海洋沉积环境，形成了一套巨厚的海相沉积物，其地层系统连续完整，保存良好，较完整地记录了不同时期海洋生物类型和种群，内容极为丰富。浙江中东部地区发育中生代陆相盆地沉积，古生物化石主要记录了中生代陆相生物类型及种群。

　　浙江古生物化石类型及时空分布，清晰地记录了各地质时期生物种群的特点，为研究自震旦纪以来浙江岩相古地理、古生态环境、古地质环境、古生物种群及生物种群演化序列提供了理想的研究场所和重要的实物证据。近百年来，尤其是中华人民共和国成立以来，中外地学工作者对浙江地层及古生物开展了深入研究，获得了大量的、重要的古生物化石资料，并在地层古生物学、古生物种群研究等方面取得了一系列重大科研成果，其中有寒武系江山阶、奥陶系达瑞威尔阶、二叠系长兴阶和二叠系—三叠系界线层型剖面，先后被国际地质科学联合会和国际地层委员会确定为全球地层单位界线层型和点位"金钉子"。

　　独特的古气候环境、良好的地层保存条件和丰富的现代地层剥露现象，使浙江省古生物化石门类齐全、内容丰富、科学价值高，古生物化石种类贯穿自震旦纪末以来整个地质发展过程。在浙江地质发展演化史上，具有代表性的重要古生物化石时空分布如下。

　　震旦纪晚期：以菌-藻类化石为代表，大规模叠层石礁体产出。早震旦世生物群主要有微古植物，以单球藻类为主；而晚震旦世则出现了微体蠕形动物、似几丁虫、叠层石和少量小壳动物。它们主要分布在江山新塘坞、大唐和达石背等地的上震旦统灯影组上部地层中，晚震旦世末期，即灯影组顶部，首次出现了带壳生物群，即小壳动物化石，它的出现在生物演化史上具有里程碑意义。

6 浙江古生物化石

寒武纪：震旦系灯影组顶部和寒武系荷塘组底部连续出现小壳动物化石，属于梅树村阶化石带，代表了浙江"寒武纪生命大爆发"最早的带壳后生动物群，主要分布于江山碓边、新塘坞、五家岭、桐庐东溪、富阳上万、萧山新桥头等地荷塘组底部。此后，寒武纪最具有代表性的三叶虫化石，在浙江西部寒武纪地层中大规模出现，分布广泛，类型属种多样，化石内容丰富，是全国三叶虫东南类型的标准地区，在我国及世界寒武纪地层及三叶虫动物研究中占有重要地位。生物群主要有小壳动物、三叶虫、头足类、海绵骨针及腕足类，其中最具代表的生物化石为三叶虫和小壳动物化石。根据生物群组合及时空特点，建立了18个化石带（组合）。

奥陶纪：生物群化石主要分布在常山、江山、淳安和余杭等地区，产于奥陶系宁国组、胡乐组、砚瓦山组和三衢山组（其中笔石、腕足和珊瑚种属多样，内容极为丰富），研究成果在全国占据重要地位。生物群主要有笔石、三叶虫、腕足类、头足类、珊瑚及牙形刺等，其中最具代表的生物化石为笔石和腕足类化石。根据生物群组合及时空特点，建立了22个化石带。

志留纪：生物群化石主要分布在浙西淳安、建德等地区，产于志留系霞乡组、河沥溪组中。生物群主要有笔石、腕足类、三叶虫、双壳类、腹足类、微古植物及鱼类。根据笔石建立了2个化石带，在中志留世晚期首次出现原始鱼类化石，即修水鱼、中华盔甲鱼等。

泥盆纪：资料表明，泥盆纪地层化石分布极为稀少，只在珠藏坞组零星可见腕足类、头足类化石和植物化石。其中，植物化石以石松类占绝对优势，其次为楔叶类和蕨类。

石炭纪—二叠纪：生物群化石主要分布在长兴煤山、建德寿昌和桐庐冷坞等地区。石炭纪生物群以蜓类为主，其他有腕足类、珊瑚和植物等，根据生物群类型及时空特点，建立有8个生物带（组合）；二叠纪生物群主要有蜓类、腕足类、双壳类、头足类（菊石、鹦鹉螺和角石）、鱼类、牙形刺和植物等。根据生物群类型及时空特点，建立有8个生物带（组合）。

三叠纪—侏罗纪：地层零星分布在浙中义乌和浙西兰溪等地，以陆相盆地河湖相或海陆交互相沉积为主，涉及三叠系乌灶组，侏罗系毛弄组、马涧组和渔山尖组。三叠纪生物群主要有头足类（菊石、鹦鹉螺和角石）、双壳类、腕足类、鱼类、腹足类、牙形刺、有孔虫和植物等。侏罗纪生物群主要有双壳类、腹足类、叶肢介、介形虫、恐龙骨骼化石和植物，其中在兰溪中侏罗统渔山尖组首次出现恐龙骨骼化石。

白垩纪：浙江白垩纪生物多样性特别明显，重要古生物化石主要产于浙中、浙东地区陆相盆地内。这一时期主要代表性化石有恐龙骨骼化石、翼龙骨骼化石、恐龙蛋化石、足迹化石（恐龙、鸟、翼龙）、鱼类、虾、鳖、双壳类、腹足类、昆虫、叶肢介、介形虫和植物化石等,它们广泛分布于浙江省建德群、永康群、衢江群和天台群中,化石门类多样、种属内容丰富,根据生物群组合多样性特点,建立了建德生物群、永康生物群和衢江生物群,为古生物区域对比分析、古地理岩相环境研究、地层划分对比研究提供科学依据。

古近纪—新近纪—第四纪: 这一时期重要古生物化石主要是高等级的哺乳类动物,主要分布在浙西北地区石炭系—二叠系岩溶洞穴内堆积地层中。如金华双龙洞中产有大量的大熊猫-剑齿象动物群(马安成,1992);开化地区岩溶洞穴中产有羚羊头骨化石(金幸生,1994);衢州和建德岩溶洞穴中产有第四纪哺乳类动物化石和古人类化石"建德人"(黄正维,1964);杭州留下地区岩溶洞穴产有哺乳类动物化石(裴文中,1957)。另外,在江山、富阳等岩溶洞穴中均有哺乳类动物化石发现。浙江这一时期洞穴哺乳类化石的种类,基本上和华南地区山洞中常见的化石种类相同,属于大熊猫-剑齿象动物群。

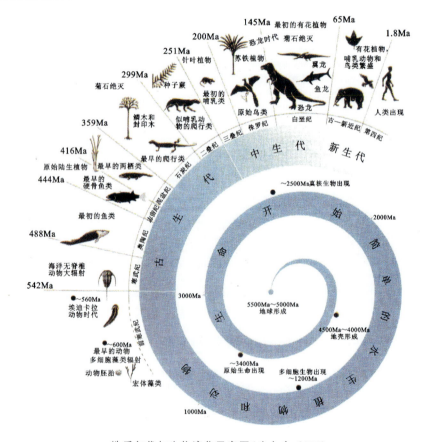

地质年代与生物演化示意图(沙金庚,2000)

6 浙江古生物化石

科普站台

◎ 古生物化石是如何分类的？

古生物化石按照保存类型可划分为实体化石、模铸化石、遗迹化石。实体化石是经过石化作用保存下来的全部或一部分生物遗体化石，如恐龙骨架；模铸化石是岩层中保存下来的生物遗体的印模和铸型，如狼鳍鱼印模化石；遗迹化石是保存在岩层中的古生物活动留下的痕迹和遗物，如恐龙蛋、脚印。

◎ 古生物化石都保存在哪些岩石中？

自然界的岩石多种多样，按照成因可以划分为岩浆岩、沉积岩和变质岩三大类。绝大多数古生物化石保存在沉积岩中，部分浅变质岩中也能看到一些化石的痕迹，但通常会或多或少受到破坏。从古生物化石的分布规律看，岩石粒度较小的粉砂岩、泥质岩及海相的碳酸盐岩中的化石相对丰富。

◎ 古生物化石是如何形成的？

地史时期的生物遗体及其生命活动痕迹在被沉积物掩埋后，经历漫长的地质年代，伴随沉积物的成岩作用，埋藏在沉积物中的生物遗体或遗迹经过物理、化学作用的改造（矿物质的交代和充填），最终形成化石。

◎ 生物死亡后都能形成化石吗？

化石的形成条件非常苛刻：第一，生物本身必须具有容易保存为化石的硬体部分，而且组成硬体的矿物质在成岩和石化作用中比较稳定，不宜分解；第二，生物死亡后被迅速掩埋，尸体不被动物或外力作用破坏；第三，埋藏在沉积物中的生物遗体或遗迹，在漫长的地质历史过程中要经受住各种地质作用的改造，不被破坏。在如此复杂的地质作用过程中，绝大多数生物体及其遗迹被破坏，只有极少量能够保存下来成为化石。

古生物化石形成示意图

6.1 震旦纪叠层石礁

浙江震旦纪大规模产出的叠层石化石,主要分布在江山北部新塘坞、大唐和达石背等地,分布面积约 $1.5km^2$,赋存于上震旦统灯影组上段白云岩地层中。叠层石礁产出完整且系统,自下而上可划分出礁基、礁核、礁顶、礁盖等。

江山叠层石礁分布面积大,叠层石产出密集,横断面表现为明暗相间的圈层结构,纵断面则呈现向上突起的弧形结构,由细菌、蓝藻类生物构成。主要生物有 *Conophyton zhejiangsis*,*C. cirulus*,*C.* cf. *ressoti*,*Baicalia safia*,*B.* cf. *minuta*,*B. xingtongwuensis*,*Jacutophyton jiangshanensis*,*Gaarabakia jiangshanensis* 等,距今 5.5~6.0 亿年,时代属震旦纪晚期。

6 浙江古生物化石

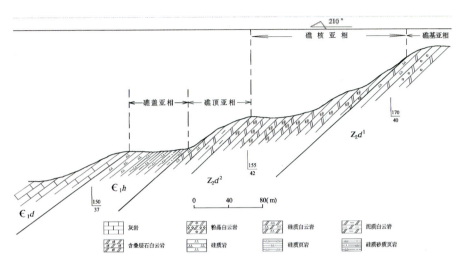

新塘坞叠层石礁体剖面图

震旦纪叠层石礁科学价值主要有:(1)江山北部新塘坞村等地大规模叠层石礁出露,就处在全球寒武纪生命大爆发的前夜,这对了解和认识寒武纪生命大爆发的起源具有重要意义;(2)叠层石周期性变化的明暗纹层,记录了月节律和季节律,可以初步得到当时的古天文信息,研究前寒武纪时期地球日月变化,被称为"生物时钟";(3)叠层石研究可以为大区域地层划分对比提供重要依据,同时也为研究全球前寒武纪不同时期[如南非、澳洲 28~25 亿年前叠层石、中国北方 15~10 亿前叠层石和新塘坞 5.5~6.0 亿前叠层石]叠层石的演化进程、古海洋沉积环境、古地理环境、古气候条件和地球自转周期的变化等提供重要实物证据。

叠层石横断面同心圈层结构

产地及层位:江山新塘坞,上震旦统灯影组

美丽浙江·地质环境资源

叠层石纵断面呈现向上突起之弧形结构

产地及层位：江山新塘坞，上震旦统灯影组

科普站台

◎ 什么是叠层石？

叠层石（Stromatolite）是前寒武纪末变质的碳酸盐沉积中最常见的一种"准化石"，是原核生物所建造的有机沉积结构。蓝藻等低等微生物的生命活动所引起的周期性矿物沉淀、沉积物的捕获和胶结作用，从而形成了叠层状的生物沉积构造。

◎ 什么是叠层石礁？

组成叠层石的藻类生物多以群居的形式生长，形成生物礁体，即叠层石礁。完整的礁体自下而上一般可划分为礁基、礁核、礁顶、礁盖、核塌积5个亚相。江山叠层石礁可明显见到礁基、礁核、礁顶和礁盖4个亚相。

◎ 叠层石是在什么环境下形成的？

研究表明，叠层石只形成于清洁的海水中，如果有黏土沉积，藻类群就会被掩埋掉，不能生长。它的形成必需具备以下4种环境：①海面无风或微风；②没有海浪或微浪；③没有海流或洋流；④不受河流影响。

6 浙江古生物化石

◎ 叠层石是如何生长的？

因为藻类向光性强，白天阳光充足时光合作用强，藻丝体会向上生长；夜晚光线减弱后光合作用相应减弱，藻丝体就变成匍匐生长。正是这种昼夜不同的生长方式，使它分泌黏性物质黏结矿物颗粒形成叠层石，呈现明、暗相间的纹层。

6.2 寒武纪—奥陶纪三叶虫化石

浙江西部寒武纪—奥陶纪地层出露连续且完整，三叶虫属种丰富、演化序列清晰，具有大区域或全球对比意义，是东南类型的标准地区，在我国和世界寒武纪地层及三叶虫动物研究中占有重要地位。通过对浙江西部地区寒武纪重要剖面的研究，系统描述三叶虫 3 目、30 科或亚科、60 属或亚属、104 种及 29 未定种（其中，发现 1 新亚科、1 新亚属和 37 新科），在此基础上，建立 16 个三叶虫化石带，成为东南类型寒武系分层分带的标准，解决了我国及世界各大洲之间寒武系地层对比中长期存在的一些关键问题，在我国以至世界寒武系研究中取得的突破性进展。其中以东方拟球接子三叶虫化石 Agnostotes orentalis 首现为标准，在江山碓边寒武系剖面中，确定了寒武系第 9 个阶的底界，它是全球寒武系江山阶界线层型剖面和点位（GSSP）。

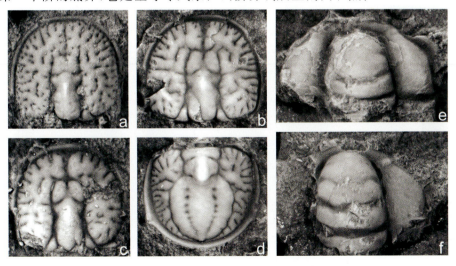

东方拟球接子三叶虫进化图（彭善池，2011）

产地及层位：江山碓边，下寒武统华严寺组

美丽浙江·地质环境资源
MEILI ZHEJIANG DIZHI HUANJING ZIYUAN

膨大五家尖虫(新属、新种)(卢衍豪等,1980)
产地及层位:江山五家尖、常山西阳山,上寒武统—下奥陶统西阳山组

◎ 什么是三叶虫?

　　三叶虫是距今5.6亿年前的寒武纪就出现的远古动物,4.3~5亿年前发展到高峰,至2.4亿年前的二叠纪完全灭绝,前后生存了3.2亿多年,种类繁多,长2mm至70cm不等。三叶虫是节肢动物的一种,全身明显分为头、胸、尾三部分,背甲坚硬,被两条纵向深沟割裂成大致相等的三片,所以叫三叶虫。

◎ 寒武纪为什么被称为三叶虫时代?

　　寒武纪地球上藻类繁多,为无脊椎动物的生存提供了良好条件,其中最具代表性的属三叶虫,数量多,种类也占动物总类别的60%。科学家们通过古生态学的研究认为,三叶虫具有很好的适应环境的生存方式,有些喜欢游泳,有些喜欢

6 浙江古生物化石

在水面上漂浮,有些喜欢在海底爬行,还有些习惯于钻在泥沙中生活,它们占据了不同的生态空间,海洋成了三叶虫的世界。

◎ 什么是化石模式标本?

化石模式标本指的是研究命名化石新种时所指定的一件或几件特殊的实物化石标本,是认定新种最重要的依据。由于是建种的依据,所以模式标本是一类特殊的标本,不同于一般化石标本,其重要性和科学地位要远大于同种的其他标本。

◎ 什么是标准化石?

标准化石指能据以确定地层地质年代的化石。标准化石应具备时代分布短、特征显著、数量众多、地理分布广泛等条件,以利于地层的对比划分。

6.3 奥陶纪笔石化石

浙西地区奥陶纪笔石化石主要分布在常山、江山等地,赋存于奥陶系宁国组、胡乐组,化石类型多样、属种丰富、结构清晰,较好地反映了笔石演化的连续性,具有大区域和全球对比意义,其中以澳洲齿状波曲笔石的演化序列尤为重要,其首现位置确定为全球奥陶系达瑞威尔阶界线层型剖面和点位(GSSP)。

浙江垂柳笔石(新属、新种)
(焦世鼎,1981)
产地及层位:淳安里坑坞、串坞、大市祖家,下奥陶统宁国组

浙江三叉笔石(新属、新种)
(赵裕亭,1964)
产地及层位:衢州杜泽,下奥陶统宁国组

笔石化石（陈旭等，1995）

产地及层位：常山黄泥塘"金钉子"剖面，下奥陶统宁国组

◎ 什么是笔石动物？

　　笔石动物是一类绝灭了的海生群体动物。笔石虫体所分泌的骨骼，称为笔石体（Rhabdosome）。笔石动物个体很小，一般仅有 1～2mm 或者更小，但笔石体的长度可达几十毫米，甚至 70cm。笔石体的成分以往视为几丁质，由硬质蛋白质构成。笔石化石常以压扁的炭质薄膜形式保存，很像用笔在岩石上书写的痕迹，笔石一名由此而来。

6 浙江古生物化石

◎ 笔石是浮游生物吗？

根据化石保存的状态、共生动物的类别以及笔石自身的骨骼构造，科学家推测一部分笔石动物在海底底栖固着生活，如大部分的树形笔石，它们有固定的茎、根等构造；另一部分笔石动物漂浮生活，如正笔石，它们具有叫做线管的丝状体，用来附着在漂浮体上。

6.4 奥陶纪腕足类化石

浙江奥陶纪腕足类化石主要分布在江山、常山、淳安、临安和余杭等地，主要赋存于中上奥陶统砚瓦山组和黄泥岗组。腕足类化石属种丰富、内容完整、演化连续，具有大区域化石属种及地层对比研究意义。其中，余杭狮子山奥陶纪末期重要腕足类化石，为研究奥陶纪末期全球第一次生物大灭绝时期的海洋生态环境变化、生物"劫后余生"以及之后生物复苏，提供了重要的证据。

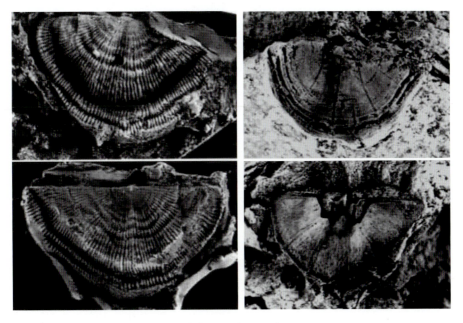

共脊贝属(新属)(左)、次脊贝属(新属)(右)(詹仁斌、戎嘉余,1995)

产地及层位：江山垄里村，上奥陶统长坞组

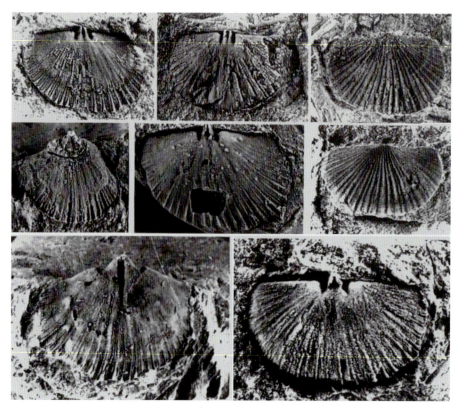

王钰贝属(新属)（詹仁斌、戎嘉余，1995）

产地及层位：江山垄里村，上奥陶统长坞组

◎ 什么是无脊椎动物？

无脊椎动物指背部没有脊柱的动物，是动物的原始形式，占动物总种类数的95%。无脊椎动物分布于世界各地，现存100余万种，包括原生动物、棘皮动物、软体动物、扁形动物、环节动物、腔肠动物、节肢动物、线形动物等。

6 浙江古生物化石

◎ 什么是腕足动物？

腕足动物是生活在海底的一大类有壳的无脊椎动物，它的两瓣壳大小不一样。幼虫期以浮游方式生活，稍大长出肉茎附着于海底生活。腕足动物自寒武纪时期开始演化，繁盛于中生代，化石种类有3万余种，现存的种类多分布在高纬度的冷水区。

◎ 如何区别双壳类和腕足类化石？

双壳类壳一般是左右两片对称壳；腕足类壳分为背壳和腹壳，腹壳较大，在后端有一喙状突起和一圆形开孔。

6.5 二叠纪头足类菊石化石

浙西早二叠世菊石：浙西地区早二叠世晚期菊石有35种，分别属于18个属、8个科，其中包括26个新种、10个新属、4个新科，并建立了1个新超科。其中，寿昌菊石科（新科）和刺叶菊石科（新科）的菊石是我国所特有的，在菊石的分类和演化方面以及对地层的划分和对比方面都具有相当重要的意义。综合分析菊石动物群的特点，它们既具有浓厚的特提斯海域的色彩，又具有我国南部区域性的特色，同时还

粗壮上饶菊石（新属、新种）（赵金科、郑灼官，1977）

产地及层位：建德寿昌，上二叠统孤峰组

渗进了极少量的北极区的分子。其中寿昌菊石科是我国南部，特别是东南沿海诸省所特有的菊石群。

浙北晚二叠世菊石：根据赵金科等（1977）的研究，华南长兴组中所含华夏菊石动物群已知的共有25属102种，其中许多直接用本区地名命名，如葆青段中的长兴明月峡菊石和长兴大巴山菊石等；煤山段中的长兴三角腹菊石、长兴厚盘菊石和煤山长

畸形桑植菊石（新属、新种）（赵金科、郑灼官，1977）

产地及层位：建德寿昌，上二叠统孤峰组

兴菊石等。华夏菊石动物群在中国南部晚二叠世东特提斯海域中兴起、发展和消亡，并通过特提斯海向西迁移至伊朗和外高加索等地。

长兴巴山菊石（新种）（左）、长兴明月峡菊石（新种）（右）（赵金科，1965）

产地及层位：长兴煤山，上二叠统长兴组

长兴肋鹦鹉螺（新种）（左）、煤山纹鹦鹉螺（新种）（右）（赵金科，1965）

产地及层位：长兴煤山，上二叠统长兴组

6 浙江古生物化石

◎ 什么是头足类？

头足类是软体动物门（Mollusca）头足纲（Cephalopoda）所有种类的通称。它们没有传统软体动物的足，运动器官叫触手，因其靠近头部而得名，也是最大的无脊椎动物（Invertebrates）。现存约 650 种，全部海产，如章鱼（*Octopus*）、乌贼（*Cuttlefish*）、鹦鹉螺（*Nautilus*）、枪乌贼（*Squid*）等。从近岸到远海、表层到 4500 米以下深处都有分布。盐度较低的水中罕见，波罗的海水含盐低，无头足类，但苏伊士运河有。绝灭的种类多于现存种，在古生代末和中生代达高峰，最知名的如菊石和箭石。头足类和腹足类的亲缘关系最近。

◎ 什么是菊石？

菊石属软体动物门头足纲的一个亚纲。菊石是已绝灭的海生无脊椎动物，最早出现在泥盆纪初期，繁盛于中生代，广泛分布于世界各地的三叠纪海洋中，白垩纪末期绝迹。

6.6 二叠纪—三叠纪鱼类化石

鱼类最早发现于寒武纪，繁盛于泥盆纪，石炭纪、二叠纪时甲胄鱼几乎灭绝，软骨鱼和硬骨鱼兴起，中生代起，硬骨鱼逐渐较软骨鱼兴旺。二叠纪—三叠纪浙江典型海洋鱼类化石，主要分布在湖州长兴一带，赋存于二叠系长兴组和三叠系青龙组。鱼类化石属种丰富、内容完整、结构清晰、数量多、个体大，其中以扁体鱼、裂齿鱼、始鱼龙和长兴鱼等为代表的二叠系—三叠纪海洋鱼类化石，为人们了解和认识当时海洋生态环境、物种多样性提供了重要的实物证据。

长兴副裂齿鱼(新属、新种)(赵丽君、卢立伍,2007)

产地及层位:长兴煤山,下三叠统青龙组

左,葆青中华扁体鱼(新种)(王安德,1986);右,长兴中华旋齿鲨牙齿(新种)

(刘冠邦、王谦,1994)

产地及层位:长兴葆青,上二叠统长兴组

赵氏始鱼龙(新属、新种)(刘宪亭、魏丰,1988)

产地及层位:长兴煤山,上二叠统长兴组

6 浙江古生物化石

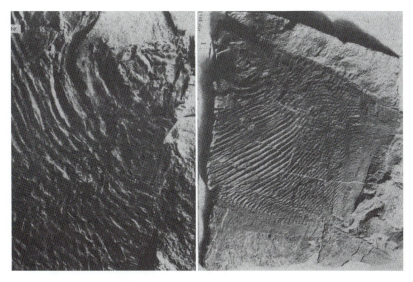

煤山中华扁体鱼(新种)(魏丰,1977)

产地及层位:长兴煤山,上二叠统长兴组

科普站台

◎ 鱼化石是如何形成的?

    鱼死后沉入水底,被沉积的泥砂覆盖,这些遗体中的有机质分解殆尽,坚硬的部分如外壳、骨骼等在漫长的地质年代里与空气隔绝,长期受到高温高压的作用,尸体周围的泥砂变成了沉积岩,夹在这些沉积岩中的鱼的尸体交代成岩,鱼原来的形态、结构(甚至一些细微的内部构造)依然保留着,就形成鱼化石。剧烈的地壳活动引发的地震、火山爆发、海啸等自然灾害或泥砂自然淤积,使得鱼类在极短的时间内被大量的泥砂或火山灰包围,泥砂板结石化成岩或火山灰冷却石化成岩。

6.7 侏罗纪植物化石

浙中地区,马涧组中含有相当丰富的植物化石,经鉴定有 28 属 54 种,由苔藓植物、有节植物、真蕨类植物、种子蕨类植物、苏铁类植物、银杏类植物和松柏类植物组成。马涧植物群明显带有中侏罗世色彩,其中苔藓类 1 个属种;节蕨类 3 属 5 种;植物、真蕨类 5 属 13 种;种子蕨类 1 个属种;苏铁类植物 8 属 20 种;银杏类植物 4 属 6 种;松柏类植物 6 属 8 种。该植物群中的苏铁类含量占总数 1/3,其中耳羽叶属最为丰富,分异度相当高,至少有 7 种以上。此植物群对浙江晚三叠世—早白垩世植物种群的演替和对比研究具有重要意义。

兰溪耳羽叶(新种)(左)、汤姆似托第蕨(相似种)(右)(黄其胜、齐悦,1991)

产地及层位:兰溪马涧乡畜牧场,中侏罗统马涧组

6 浙江古生物化石

海庞枝脉蕨(左)、细齿似托第蕨(右)(黄其胜、齐悦,1991)

产地及层位:兰溪马涧乡畜牧场,中侏罗统马涧组

科普站台

◎ 植物的演化史是怎样的?

地史上最早出现的生命是植物,在距今35亿年的太古宙地层中就发现了最原始的蓝藻类和菌类化石。太古宙及元古宙早期是原始菌藻类的时代,元古宙中期至奥陶纪是海生藻类植物繁盛的时代,志留纪至石炭纪是陆生孢子植物繁盛的时代,二叠纪至侏罗纪是裸子植物繁盛的时代,白垩纪和新生代是被子植物繁盛的时代。

◎ 植物化石有什么意义?

植物化石是划分和恢复地史时期古大陆、古气候和古植物地理分区的主要标志,各类古植物本身亦参与了成矿、成岩作用。例如,太古宙沉积型铁矿的形成与铁细菌活动有关,各种藻类可以形成礁灰岩、藻煤、硅藻土等;低等植物与石油、油页岩的生成有关;高等植物则更是各地史时期形成煤层的物质基础。

125

6.8 白垩纪恐龙化石

恐龙骨骼化石在浙东南各白垩纪陆相盆地中均有发现,产于白垩纪紫红色粉砂岩、泥质粉砂岩地层中。近年确认的新属种有中国东阳龙、天台越龙、东阳盾龙、浙江吉蓝泰龙、丽水浙江龙、礼贤江山龙等。其中,以中国东阳龙、天台越龙为代表的两处国家重点保护的古生物化石集中产地,广受国际学术界关注而享誉中外。

中国东阳龙(新属、新种)(吕君昌等,2008)

产地及层位:东阳市区,上白垩统早期金华组

中国东阳龙生活环境生态复原图

6　浙江古生物化石

杨岩东阳盾龙(新属、新种)盆骨护盾(左)、脊板(中)和股骨(右)(陈荣军等,2013)
产地及层位:东阳马宅镇杨岩村,上白垩统晚期朝川组

杨岩东阳盾龙骨架模型

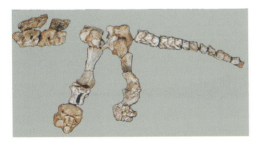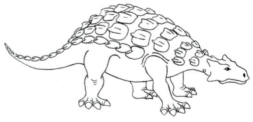

丽水浙江龙(新属、新种)(吕君昌等,2007)及其复原示意图(钱迈平,2011)
产地及层位:丽水莲都,上白垩统早期两头塘组

127

礼贤江山龙(新属、新种)复原骨架(唐烽等,2001)

产地及层位:江山礼贤乡陈塘边,下白垩统晚期中戴组

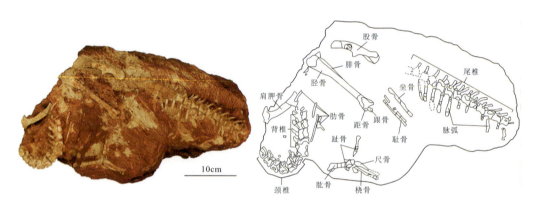

天台越龙(新属、新种)化石标本(左)和骨骼化石素描图(右)(郑文杰等,2012)

产地及层位:天台赤城街道赤义村,上白垩统早期两头塘组

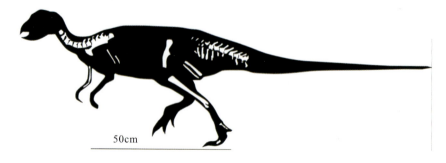

天台越龙化石保存部位示意图

6 浙江古生物化石

浙江吉蓝泰龙(新种)(董枝明,1977)
产地及层位:金华婺城区汤溪镇中戴村,下白垩统晚期中戴组

科普站台

◎ 何为恐龙?

恐龙(Dinosaur),是出现在中生代时期(三叠纪、侏罗纪和白垩纪)的一类爬行动物的统称,矫健的四肢、长长的尾巴和庞大的身躯是大多数恐龙的写照。它们主要栖息于湖岸平原(或海岸平原)上的森林地或开阔地带。

◎ 恐龙化石是何时被发现的?

虽然恐龙化石已经在地球上存在了数千万年,但直到19世纪,人们才知道地球上曾经有这么奇特的动物存在过。第一个发现恐龙化石的是一位名叫吉迪昂·曼特尔的英国医师,而创立"恐龙"的这一名词的是英国古生物学家查德欧文,认为这些化石是某种史前动物留下来的,意思是"恐怖的蜥蜴"。

◎ 恐龙是如何灭绝的？

恐龙在地球上生活了1.6亿年之久,在白垩纪末期,却突然在世界各地销声匿迹了。恐龙灭绝是地球生命史上的一大悬案,自20世纪70年代以来,各种有关非鸟恐龙灭绝的理论、假说纷纷出台,展开了一场规模空前的争论。目前主流的假说有陨星撞击说、造山运动说、气候变化说、海洋退潮说、火山爆发说、俘获月球说等10余种。但无论发生了什么,有一点是不容质疑的,那就是恐龙无法适应所发生的事件所造成的影响或改变。

◎ 恐龙之最

最凶猛的恐龙——霸王龙

最长的恐龙——巨龙（梁龙？）

最重的恐龙——超龙（长颈巨龙？）

最小的恐龙——美颌龙

最聪明的恐龙——伤齿龙

最笨的恐龙——剑龙

最快的恐龙——恐爪龙

牙齿最多的恐龙——鸭嘴龙

……

6.9　白垩纪恐龙蛋化石

浙江恐龙蛋化石遍及整个白垩纪陆相盆地,其中以浙东天台盆地分布最广泛、产出数量最多、类型最为丰富而著称。天台盆地在早白垩世晚期的阿普特（Aptian）期至晚白垩世早期的赛诺曼（Cenomanian）期天台群赖家组和赤城山组已发现数以千计的恐龙骨骼及蛋化石。通过对恐龙骨骼及蛋化石地层剖面实测,首次精确厘定了天台盆地恐龙动物群的出露层位。化石研究显示,恐龙生物群包括蜥脚类（*Sauropods*）、鸭嘴龙类（*Hadrosaurs*）、慢龙类（*Segnosaurs*）、甲龙类（*Ankylosaurs*）、盗蛋龙类（*Oviraptorids*）、伤齿龙类（*Troodontids*）及暴龙类（*Tyrannosaurs*）等恐龙,

6　浙江古生物化石

暗示了天台盆地的自然环境非常适宜恐龙生存,使天台盆地白垩系成为世界上恐龙蛋化石最丰富的地层之一。天台盆地恐龙蛋化石群基本上可分为 7 蛋科、12 蛋属和 15 蛋种,代表了我国晚白垩世早期的恐龙蛋化石组合。

西峡巨型长形蛋及其蛋窝形态(王强等,2010)

产地及层位:天台赤城街道双塘村,上白垩统两头塘组

A. 天台标本,蛋化石的排列状态;B. 蛋壳外表面的瘤点状纹饰,箭头所指为气孔在外表面的开口;C. 河南内乡赤眉镇庙山村发现的一窝巨型长形蛋化石(类比);D. 天台标本蛋窝形态复原

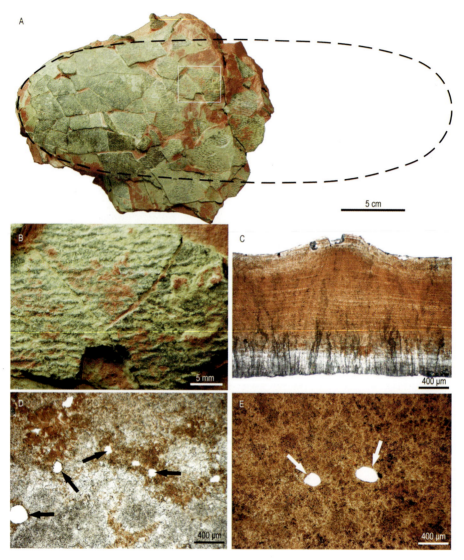

桥下巨型纺锤蛋（新蛋属、新蛋种）及蛋壳切面显微结构（王强等，2010）

产地及层位：天台赤城街道桥下村，上白垩统两头塘组

A. 正型标本，显示复原后的蛋化石形态；B. 蛋壳外表面的棱脊状纹饰（A中框选区放大）；C. 蛋壳径切面；D. 蛋壳锥体层中部弦切面，显示圆形和椭圆形锥体，箭头所指为气孔；E. 蛋壳柱状层中部弦切面，箭头所指为圆形和椭圆形气孔

6 浙江古生物化石

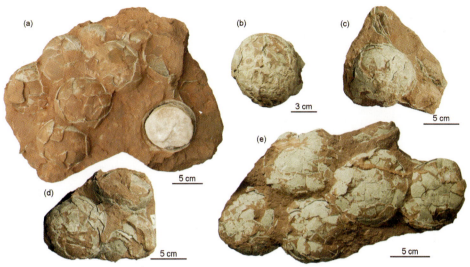

石嘴湾珊瑚蛋(新蛋属、组合蛋种)(王强等,2012)
产地及层位:天台桥下酒厂,上白垩统赤城山组

树枝蛋化石(新蛋种)
(方晓思等,1998)
产地及层位:天台赤城街道双塘村,
上白垩统两头塘组

南马东阳蛋化石(新蛋属、新蛋种)
(金幸生,2009)
产地及层位:东阳南马镇双铜岩塔山,
下白垩统朝川组

美丽浙江·地质环境资源

张氏蜂窝蛋化石(新种)

(金幸生,2009)

天台长形蛋化石(新种)

(方晓思等,2000)

产地及层位:天台赤城街道,上白垩统两头塘组

张头槽圆形蛋(新种)(方晓思等,2000)

产地及层位:天台赤城街道墙头曹村(现赤义村),上白垩统两头塘组

科普站合

◎ 什么是恐龙蛋?

恐龙蛋是非常珍贵的古生物遗迹化石,最早于1859年在法国南部普罗旺斯的白垩纪地层中发现。恐龙蛋化石的形态有圆形、卵圆形、椭圆形、长椭圆形和橄榄形等多种形状,一般可呈黑、黄、青、灰、褐、红等不同的颜色。恐龙蛋化石大小悬殊,小的与鸭蛋差不多,最小直径不足10cm;大者的长径超过50cm。蛋壳

6 浙江古生物化石

的外表面光滑或具点线饰纹。

◎ 恐龙蛋有什么价值？

恐龙蛋化石是历经几千万、上亿年沧海桑田演变的稀世珍宝，是生物和人类进化史上具有重要意义的科学标本，是世界上珍贵的科学和文化遗产。恐龙蛋化石对于探索恐龙的繁殖行为、恐龙蛋壳的起源和演变，复原恐龙时代的生态环境；研究恐龙的出现、繁盛和绝灭；对于划分和对比白垩纪地层以及确定地层的地质年代；研究古气候、古地理和古生物的变迁，提供找矿启示等，都是不可多得的珍贵实物资料。而且，恐龙蛋化石群及其集中产地还是一种非常有价值的旅游地质资源，为发展旅游事业提供了天赐良机。因此，恐龙蛋化石具有十分重要的科学价值、观赏价值、收藏价值和旅游价值。

◎ 什么是遗迹化石？

遗迹化石（Trace fossil）是指地质历史时期，生物遗留在沉积物表面或沉积物内部的各种生命活动的形迹构造形成的化石，不包括由生物体变成的实体化石。从沉积学角度来看，可以说遗迹化石是各种生物成因的沉积构造，如各种生物扰动、足迹、移迹、潜穴、粪、蛋化石等，以及生物侵蚀构造，如钻孔等。

6.10 白垩纪翼龙及鸟类化石

浙江白垩纪翼龙及鸟类化石产地位于临海上盘镇里岙村，赋存于晚白垩世早期小雄组，其中翼龙化石产出多个完整程度不同的骨骼化石，此类化石产地在浙江及乃至我国南方目前发现仅此一处。

临海浙江翼龙（新属、新种）：属大型翼龙，两翼展翅可达 5m 以上，头骨低而长，前颌上部直至后顶端浑圆，未发育中棱或其他嵴状构造。鼻孔与眼前孔连合成一个卵形大孔，约占头骨全长的 2/1。喙细长，尖锐，没有牙齿。颈椎细长，由 7 个颈椎组成。具有由 6 个背椎组成的联合背椎。荐椎联合，尾极短，胸骨薄，具龙骨突。有 6 组"人"字形腹肋。腰带为典型的无齿翼龙式。前肢强壮，肱骨粗短，三角嵴发育，翼掌骨长于尺骨和挠骨。股骨细长，几乎为肱骨长度的 1.5 倍。化石地层时代属距今 8150 万年前的中生代晚白垩世早期。

临海浙江翼龙（新属、新种）（蔡正全等，1994）与复原示意图（钱迈平，2000）

产地及层位：临海上盘镇岙里村，上白垩统早期小雄组

长尾雁荡鸟（新属、新种）：头骨骨片薄，颌无齿。前肢不缩短，肱骨没有气窝气孔构造。胸骨长而宽，有侧突，具腹肋。趾骨较细长但爪较短，跗跖骨基本愈合，跗跖骨长约为胫跗骨的1/2。具多枚尾椎骨组成的长尾。

雁荡鸟头骨全长约50mm，后部最宽约20mm，头骨腹侧埋藏，故仅能观察到腹面的一些骨骼，吻较短，前颌骨发育，无齿而具角质喙。颈长约80mm，颈椎骨9枚，双凹型，前部椎体较短宽，后部椎体较长，颈肋已完全退化。

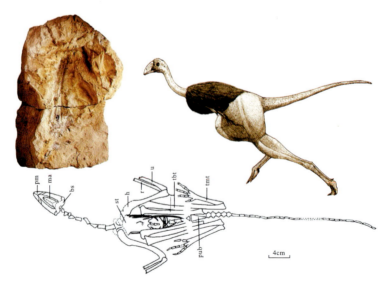

长尾雁荡鸟（新属、新种）标本（上左）、复原图（上右）和骨骼图（下）（蔡正全等，1999）

产地及层位：临海上盘镇岙里村，上白垩统早期小雄组

6 浙江古生物化石

◎ 翼龙属于恐龙吗？

翼龙又名翼手龙（Pterosauria），是一种已经灭绝的爬行类飞行动物，共有近100多个品种。尽管与恐龙生存的时代相同，但翼龙并不是恐龙，希腊文意思为"有翼蜥蜴"，是飞行爬行动物演化支，生存于晚三叠纪到白垩纪末，约2亿年前到6500万年前。

6.11 白垩纪恐龙、翼龙和鸟类脚印化石

浙江省脚印化石主要在东阳市和义乌市交界的吴山一带发现，发掘出脚印化石多处，在红色粉砂质泥岩层面上清晰地展示，总计有蜥脚类、兽脚类、鸟脚类、鸟类、翼龙等7种不同门类的生物脚印化石，共计有数百个，其中主要为恐龙、翼龙和鸟类脚印。

恐龙脚印化石

产地及层位：东阳市区吴山，上白垩统早期金华组

恐龙脚印：为三指脚印，在岩层正面表现为下凹的形态，在岩层的反面呈现向下凸的形态，形迹表现非常清楚。整个足迹长达21cm，其中指长在13～15cm之间，左

137

右指一般长度在 10cm 左右,指体呈现尖棱状,粗壮有力,中指最大指径在 4cm 左右,为兽脚类恐龙。

翼恐脚印:东阳是中国发现的第 2 个翼龙足迹化石点,也是亚洲发现的第 8 个翼龙足迹化石点。产地发现有 3 个手的印迹和 1 个右足印,手的印迹长宽分别为 6.5cm 和 4cm,为非对称且具有 3 个指的印迹,足迹 9cm 长和 1.5cm 宽。该足迹与以往发现的不同,可能代表一新的类型。

翼龙脚印化石

产地及层位:东阳市区吴山,上白垩统早期金华组

鸟脚印化石:足迹呈三指展现,在一个不太大的岩层面上分布着同一类型鸟脚印多达 15 个。足迹纤细,足迹中指长一般在 3～4cm,左右指一般长 2～3cm。

鸟脚印化石

产地及层位:东阳市区吴山,上白垩统早期金华组

6 浙江古生物化石

◎ 什么是足迹化石？

足迹化石是遗迹化石的一种，指保留于沉积岩层面上的动物足印印模。

◎ 最早的足迹化石在何处发现？

2018年6月7日，美国《科学》(Science)杂志子刊《科学进展》刊发了中美科学家的一项研究成果，在中国三峡地区发现了距今约5.4亿年前动物足迹化石。这是迄今发现的地球上最早的动物足迹化石，该足迹由生活在寒武纪前的一种类似虾的动物留下。

6.12 白垩纪鱼类化石

浙江鱼类化石主要产于晚中生代建德群寿昌组、磨石山群茶湾组和永康群馆头组等地层中，研究表明均属淡水湖泊鱼。化石主要出露于建德寿昌、浦江、诸暨、淳安、临海、永康、武义等白垩纪陆相盆地或破火山口湖内。早期发现的鱼化石绝大多数由中国科学院古脊椎动物与古人类研究所张弥曼教授鉴定，其间发现有多个新属新种，即寿昌中鲚鱼(新种)、师氏中国弓鳍鱼(新种)、永康新鳞齿鱼(新种)、浙西富春江鱼(新种)、金华中华弓鳍鱼(新种)等。

寿昌中鲚鱼(新种)： 完整的鱼，体呈纺锤形。最大体高位于腹鳍起点处，体长约为体高的2.7~3.4倍，为头长的3.4~4.1倍。脊椎53~54个，每一脊椎有4~5个侧脊。腹鳍离胸鳍及臀鳍约等距。

师氏中国弓鳍鱼(新种)： 产于浦江青山乡沈家村火烧山。化石体呈梭形，头部略呈椭圆形，头长约为身长的1/4，额骨愈合为一，眼窠内有副蝶骨，贯穿中部，眶骨与前

139

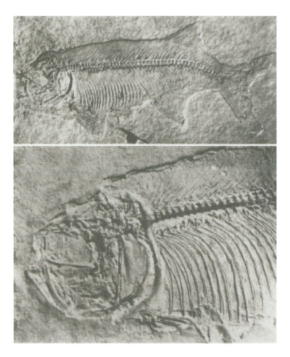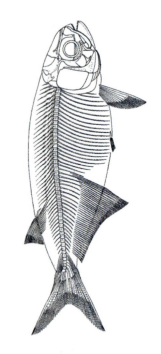

寿昌中鲚鱼(新种)(张弥曼,1963)及其复原图

产地及层位：建德寿昌，下白垩统寿昌组

鳃盖骨之间有大的空间。颅顶骨一块。匙骨位于鳃盖骨、下鳃盖骨及间鳃盖骨的下方。上匙骨居鳃盖的后方，甚长，其宽度与前鳃盖骨相近。下匙骨为半圆形，居上匙骨的后下方及匙骨的后方。具锥形牙一排。背鳍基相当长，起点位于腹鳍之前，向后超过臀鳍起点。臀鳍高而鳍基短。腹鳍基短，而鳍条长。各鳍无棘鳞。尾为歪尾型。鳞片斜方形，具闪光质层。

金华中华弓鳍鱼(新种)：产于浙江武义县柳城镇祝村西北大水氽，早白垩世晚期馆头组。全长约为12mm，体呈长梭形；最大体高位于胸鳍和腹鳍之间。体长约为体高的4倍，头大的3.5倍，头长约为体高的1.7倍，头部骨片均被珐琅质层覆盖。鱼体呈长棱形，头长大，背鳍基长，鳍条数目多，背鳍起点靠前。顶骨呈四方形，侧缘直线与上颗骨内缘相接。上颌骨后部显著增高，后缘边向内深凹，在最后一个尾椎处，连接一长条状骨片，沿着上歪的方向延伸。

6　浙江古生物化石

师氏中国弓鳍鱼(新种)(潘江,1963)
产地及层位:浦江青山乡沈家村火烧山,下白垩统寿昌组

金华中华弓鳍鱼(新种)(吴维棠等,1976)
产地及层位:武义柳城乡祝村,下白垩统馆头组

> ◎ 鱼类分类及演化情况如何？
>
> 鱼类是一种水生脊椎动物，种类繁多，包括无颌纲、盾皮纲、软骨鱼纲、棘鱼纲以及硬骨鱼纲。经过数亿年演化，鱼类从兴起走向繁盛，在泥盆纪占据了绝对优势，所以把泥盆纪称作"鱼类时代"。根据有关资料统计，全球现生种鱼类已发现共有3万余种，占已命名脊椎动物的50%以上。

6.13 白垩纪植物化石

浙江白垩纪植物化石主要产于永康群馆头组，其中以新昌安溪—王家坪植物化石形成的硅化木最为著名。植物化石群位于王家坪与安溪之间的山坡上，有6个层位内含有植物硅化木，地表已发掘近200棵。硅化木径杆粗大，最大直径达3.5m，一般在0.5～1.2m之间，长达14m，大多与地层产状一致，卧于地层内，少数直立与地层直交。赋存硅化木地层岩性为中细砂岩、泥质粉砂岩、碳质页岩和泥岩。

新昌硅化木埋藏特点如下。

(1) 多层性。已发现在馆头组中有6个层位含有硅化木，经历了多期次堆积掩埋，具有大规模河流相旋回性沉积作用的特点。

(2) 分布富集。尤其在王家坪约 $1km^2$ 的区域内，已发现200多棵大小不等的硅化木产出。

(3) 结构清晰。白垩纪硅化的树木结构及纹理清晰，横断面年轮较宽，具有较高的研究价值和观赏价值。

(4) 树干粗大。已发现的树干最大直径达3.5m，一般在0.5～1.0m之间，已发掘最长硅化木达14m，在国内硅化木中极为罕见，鉴定属于新的属种，定名为新昌南洋杉型木。

(5) 埋藏清楚。硅化木在地层内的埋藏方式多数为沿地层层面平卧，少数粗大的根部为直立，高角度交切层理，其围岩多属细砂砾岩、砂岩、粉砂泥岩等，其中含有植物碎片的灰黑色泥质粉砂岩与硅化木群紧密伴生，可作为寻找硅化木的标志层位。

6 浙江古生物化石

新昌南洋杉型木(新种)(段淑英等,2002)

产地及层位:新昌澄潭镇王家坪村,下白垩统馆头组

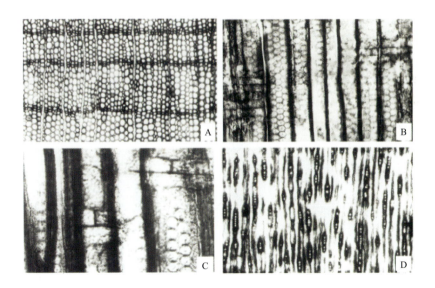

新昌南洋杉内部显微结构(段淑英等,2002)

A. 横切面,显示年轮、管胞横切面的形状、大小和射线;B—C. 径切面和径切面交叉场,显示管胞壁上的具缘纹孔和交叉场中的小孔;D. 弦切面,显示射线细胞排列的形状和数量

科普站台

◎ 如何形成硅化木？

上亿年前的树木因地壳运动、火山喷发、气候突变等种种原因被埋入地下，在地层中处于缺水的干旱环境或与空气隔绝，木质不易腐烂，树干周围的化学物质如二氧化硅、硫化铁、碳酸钙等在地下水的缓慢渗透作用下进入到树木内部，替换了原来的木质成分，保留了树木的形态，经过漫长的石化作用最终形成化石。

6.14 第四纪生物化石

第四纪生物化石主要分布于金华北山、衢州和建德等地岩溶洞穴中，其中以双龙洞发现的化石群最具代表性。双龙洞发掘的脊椎动物化石共计 9 目 24 科 48 种，包括爬行类 1 种、哺乳类 47 种，能鉴定到属、种的有 44 个，是在华南全新统中所发现的种类最多的一个脊椎动物群。骨化石经 ^{14}C 绝对年代测定为 7815±385a B.P.，结合动物群性质，双龙洞动物群的时代确定为全新世早期为宜，晚于江苏溧水神仙洞动物群，早于浙江余姚河姆渡、河南淅川下王岗和广西桂林甑皮岩等遗址动物群，而与云南保山蒲缥动物群的时代接近。

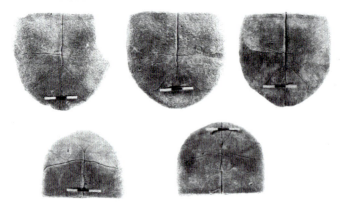

黄缘闭壳龟(叶祥奎,1983)

产地及层位：余姚河姆渡遗址(新石器时代)，全新世早期堆积层

6　浙江古生物化石

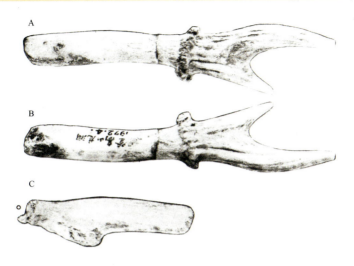

高山麂(新种)(徐玉斌、魏丰,1980)

产地及层位:富阳禄渚乡高山龙洞,晚更新世洞穴堆积层。

A. 前面视;B. 后面视;C. 角柄,○眼眶后缘

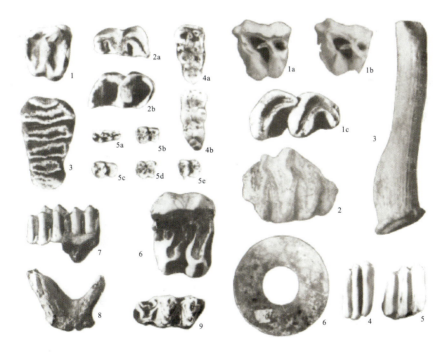

大熊猫-剑齿象动物群化石(马安成、汤虎良,1992)

产地及层位:金华双龙洞,全新世早期堆积层

◎ 古人类化石及其涉及古人类活动的其他动物化石是否属于古生物化石？

根据《古生物化石保护条例》(2012年)第二条规定，古猿、古人类化石及其与人类活动有关的第四纪古脊椎动物化石的保护依照国家文物保护的有关规定执行。因此，古人类化石及其涉及古人类活动的其他动物化石属于文物范畴，由文化部门统一保护管理。

7 浙江温泉

7 浙江温泉

下扬子板块与华夏造山带拼接贴带贯穿浙江，经历了多期构造运动的叠加，形成了复杂多样的地质构造格架，地热资源受断裂构造控制明显，以带状热储为主，勘查难度较大，已查明的地热资源储量远不能满足浙江的经济社会发展需求。"十二五"以来，在浙江省国土资源厅大力推动下，各地组织实施了地热资源勘查项目 57 个，调查面积 5000 多平方千米，勘查面积 1200 多平方千米，地热钻探 6.7 万多米，并相继在宁波杭州湾新区、湖州太湖南岸、嘉兴地区、金华汤溪、建德寿昌、仙居大战、淳安千岛湖、龙游塔石等地成功打出热矿水，水质以偏硅酸-氟热矿水为主，井口温度 25～64℃，属低温地热资源。

浙江省武义是地热资源开发利用规模最大的地区。武义清水湾温泉、唐风温泉和遂昌湖山温泉的发现起源于武义萤石矿开采中的矿坑突水，临安湍口温泉、建德寿昌温泉、宁海森林温泉、浙江云澜湾温泉、嘉兴清池温泉、中翔绍兴温泉城、浙江九峰温泉、仙居温泉、横店温泉、余姚阳明温泉、象山东海铭城温泉均是通过人工钻井直接开采利用的。截至 2018 年 2 月，全省共有 15 家采矿权人依法取得地热采矿许可证（见附件），年生产规模 357.4 万 m³，出水温度稳定在 40℃ 以上的有 6 家，达到浙江温泉 AAAA 级命名的有 3 家，AAA 级的 4 家。开发利用方向以洗浴、理疗、休闲度假为主。在 15 家地热（温泉）企业中，泰顺承天温泉是浙江省唯一以上升泉的形式自然涌出后开发利用的温泉。

7.1 武义中国温泉城

武义中国温泉城包括清水湾温泉和唐风温泉，热矿水的发现起源于武义萤石矿开采中的矿坑突水，2013 年被原国土资源部命名为"中国温泉之城"。

武义清水湾温泉: 开采的热矿水源自溪里热水矿 DR2 井（A 管和 B 管），为古泉华热储型带状热储，年生产规模 100.7 万 m³。热矿水水温 35.4～42.7℃，氟（10.0～23.0mg/L）和偏硅酸（55.8～72.8mg/L）含量均达到命名矿水浓度水质标准，为偏硅酸氟热矿水，温泉资源级别为浙江温泉 AAA 级。

武义清水湾温泉山庄全貌

武义清水湾温泉池

武义中国温泉城以科学发展观为指导，按照"资源清楚、利用高效、管理到位、环

7 浙江温泉

境优美、传承文化、持续利用"要求,从客观地质条件出发,不断加强地热资源科学研究,在政府有序规划下,深入推进地热资源的合理化开发,实现了地热资源的可持续利用,成功打造"中国温泉名城,东方养生胜地"。

◎ 何为温泉？

温泉是泉水的一种,从严格意义上说,是从地下自然涌出的自然水,泉口温度(浙江省为 25℃)显著高于当地年平均气温的地下水天然露头,并含有对人体健康有益的微量元素的矿水。

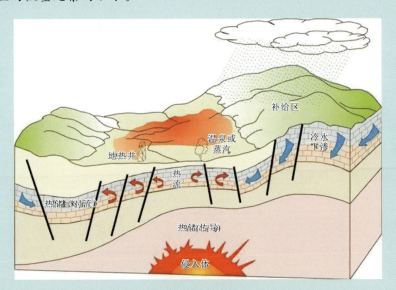

温泉成因示意图

◎ 温泉的浴用方法有哪些？

浴用法通常称为矿泉浴,矿泉浴在治疗某些慢性病和养生保健方面简单易行,舒适实用,有其独到的作用,往往优于某些药物治疗。浴用法是矿泉疗法中最常见的形式,根据矿泉的性质及疾病与患者体质的不同,又有不同的浴法。临床中较为常见的方法有浸浴、淋浴、运动浴、机械水浴等。

◎ 温泉有何医疗作用?

温泉是一种自然疗法,大部分的化学物质会沉淀在皮肤上,改变皮肤酸碱度,故具有吸收、沉淀及清除的作用,其化学物质可刺激自律神经、内分泌及免疫系统。

◎ 哪些人不易泡温泉?

(1)皮肤过敏者不宜泡温泉。
(2)孕妇及手术过后者不宜泡温泉。
(3)糖尿病患者不宜长时间泡温泉。
(4)容易失眠的人,不要长时间浸泡。
(5)凡有心脏病、高血压或身体不适者,不宜泡温泉,除非经医生允许。
(6)经期及经期前后女性不宜泡温泉。

◎ 浙江温泉分为几级?

浙江温泉资源依据泉水的温度、质量和可开采量三项指标分为五级。

命名等级	温度(t)界限/℃	质量	可开采量(m^3/d)	
			单井(泉)	多井
A	$25<t<34$	至少一项达标	≥300	≥500
AA	$34≤t<45$	一项达标		
AAA	$34≤t<45$	至少二项达标		
	$45≤t<90$	一项达标		
AAAA	$45≤t<90$	二项达标		
AAAAA	$45≤t<90$	至少三项达标		

7 浙江温泉

7.2 宁海森林温泉

宁海森林温泉俗称天明山南溪温泉,开采的甽3地热井位于宁海县城西北深甽镇南6km的国家级南溪温泉森林公园内,为花岗岩类构造裂隙型带状热储,年生产规模36.58万m³。热矿水水温46.0～47.5℃,氟(8.6～13.0mg/L)和偏硅酸(54.0～61.0mg/L)含量均达到命名矿水浓度水质标准,为偏硅酸氟热矿水,温泉资源级别为浙江温泉AAAA。

宁海森林温泉旅游区是国家AAAA级旅游景区,区内群峰环绕,峡谷幽长,有三潭九瀑十八溪七十二峰。山谷内春季山花烂漫,夏季凉爽宜人,秋季桂香千里,冬季风花雪月,犹如世外桃源、人间仙境。普济桥、猴峰亭、卧龙湿地、映天池、银蛇飞瀑等景点点缀其间。

宁海森林温泉池

7.3 泰顺承天温泉

泰顺承天温泉位于泰顺县雅阳镇会甲溪,是浙江省唯一以上升泉的形式出露地表后开发利用的温泉,为花岗岩类构造裂隙型带状热储,年生产规模18万m³。热矿水水温45.0～51.0℃,氟(10.1～14.0mg/L)和偏硅酸(74.2～106.0mg/L)含量均达到命名矿水浓度水质标准,为偏硅酸氟热矿水,温泉资源级别为浙江温泉AAAA。

泰顺承天温泉标识牌

承天温泉开发利用历史悠久,清光绪《泰顺分疆录》就有记载,1973年因发现泉水中含有氡而被命名氡泉,1997年建成承天氡泉省级自然保护区。

泰顺承天温泉全貌

7.4 临安湍口温泉

临安湍口温泉开采的 201 地热井位于临安市湍口镇湍口村,赋存在下古生代碳酸盐岩地层中,属碳酸盐岩岩溶裂隙型带状兼层状热储,年生产规模 8.65 万 m^3。热矿水水温 26.4~26.6℃,氟含量(4.6~13.0mg/L)达到命名矿水浓度水质标准,氡含量(40~80Bq/L)达到矿水浓度水质标准,为含氡的氟热矿水,温泉资源级别为浙江温泉 A。

湍口温泉具有 1300 年历史,古称"天目山温泉",亦名为"芦荻泉",除含有常规成份外,还有氡、钡、锶、钛等微量元素,尤以氡突出,对心血管、神经系统及皮肤病有良好的疗效。

临安湍口温泉全貌

临安湍口温泉度假区

7.5 嘉兴云澜湾温泉

浙江嘉兴云澜湾温泉开采的嘉热 2 号地热井位于嘉善县大云镇曹家村,是杭嘉湖平原第一口成功打出热矿水的深部地热井,赋存于古生代砂质岩中,属层状岩类构造裂隙型带状热储,年生产规模 12.045 万 m^3。热矿水水温 45.0~45.6℃,偏硅酸含量(50.4~54.5mg/L)达到命名矿水浓度水质标准,锂含量(1.02~1.24mg/L)达到矿水浓度水质标准,为含锂的偏硅酸热矿水,温泉资源级别为浙江温泉 AAA 级。

嘉兴云澜湾温泉池

嘉兴云澜湾温泉度假区

7 浙江温泉

7.6 嘉兴清池温泉

2002年嘉兴市开始启动地热资源的探寻工作。2002—2006年,浙江省国土资源厅委托浙江省地质调查院完成了"杭嘉湖平原地热资源调查与评价"项目。2012年8

嘉兴清池温泉景区

嘉兴清池温泉池

月,位于嘉兴温泉小镇的"运热1号井"地热勘查钻探工作取得重大突破,成功打出地热水,并成为浙江省乃至长三角水温最高、水量最大的地热井,取得浙江省地热资源勘探"攻深找盲"的重大突破。地热水井口温度为62.5~64.3℃,属中性、中等矿化的硫酸重碳酸氯化钠型水,为硫化氢、偏硅酸、偏硼酸和锂基本达到矿水浓度的氟理疗热矿水,宜作为理疗、采暖、洗浴、温室等综合开发利用。探明的日可开采量为2000t,探明的+控制的日可开采量为2500t。继"运热1号井"成功出水后,2014年7月1日,"运热2号井"又顺利完井,水温52℃,日出水量约300t。为保护温泉资源,嘉通集团对泉眼采取保护措施,建设了"运热1号井"泉眼保护塔架。

主要参考文献

蔡正全,魏丰,1994.浙江临海晚白垩世——翼龙新属种[J].古脊椎动物学报,32(3):14.

蔡正全,赵丽君,1999.浙江发现晚白垩世一长尾鸟化石[J].中国科学:地球科学,29(2):27-33.

陈荣军,金幸生,2013.中国浙江省东阳市朝川组一个新的结节龙科甲龙亚目恐龙[J].地质学报(3):19-22.

陈荣军,吕君昌,朱杨晓,等,2013.浙江东阳晚白垩世早期翼龙足迹[J].地质通报,32(5):693-698

陈旭,Mitchell C E,张元动,等,1997.中奥陶统达瑞威尔阶及其全球层型剖面点(GSSP)在中国的确立[J].古生物学报,36(4):423-431.

陈旭,许红根,俞国华,等,2003.浙江常山黄泥塘 *Didymograptus*(*Corymbograptus*)*deflexus* 带的笔石[J].古生物学报,42(4):481-485.

陈旭,张元动,许红根,等,2004.浙江常山黄泥塘达瑞威尔阶研究的新进展[J].地层古生物论文集(28):29-39.

地质辞典办公室,2005.地质大辞典[M].北京:地质出版社.

董传万,杨永峰,闫强,等,2007.浙江花岗岩地貌特征与形成过程[J].地质评论,53(增刊):132-137.

董传万,竺国强,俞仲辉,等,2002.浙江新昌硅化木赋存地层岩石学与古生态环境研究[J].浙江大学学报(理学版),29(2):7.

董静,郑天然,张雪梅,2006.国家地质公园研究综述[J].石家庄学院学报,8(6):86-91.

段淑英,董传力,潘江,等,2002.中国浙江新昌化石木研究[J].植物学通报,19(1):78-86.

方晓思,王耀忠,蒋严根,2000.浙江天台晚白垩世蛋化石生物地层研究[J].地质论评,46(1):105-113.

冯金良,崔之久,朱立平,等,2005.夷平面研究评述[J].山地学报,23(1):1-13.

韩德芬,张森水,1978.建德发现的一枚人的犬齿化石及浙江第四纪哺乳动物新资料[J].古脊椎动物与人类(4):255-263.

后立胜,2005.国家地质公园的发展及其阶段性[J].当代经济管理,27(1):63-65.

黄其胜,齐悦,1991.浙江兰溪市马涧组早、中侏罗世植物群[J].地球科学——中国地质大学学报,16(6):10.

焦世鼎,1981.浙江淳安宁国组中的笔石新材料[J].古生物学报(1):6.

金幸生,郑文杰,谢俊芳,等,2010.浙江晚白垩世蛋化石的发现及其地层意义[J].上海科技馆,2(4):25-39.

金玉玕,王玥,Charles Henderson,等,2007.二叠系长兴阶全球界线层型剖面和点位[J].地层学杂志,31(2):101-109.

梁汉东,丁悌平,2004.中国煤山剖面二叠/三叠系事件界线地层中石膏的负硫同位素异常[J].地球学报,25(1):33-37.

刘冠邦,王谦,1994.浙江长兴新发现的中华旋齿鲨化石[J].古脊椎动物学报,32(4):5.

刘宪亭,魏丰,1988.浙江长兴灰岩中的龙鱼化石[J].古脊椎动物学报(2):3-15,83-84.

陆景冈,2003.旅游地质学[M].北京:中国环境科学出版社.

吕君昌,陈荣军,东洋一,等,2010.浙江省东阳晚白垩世早期新的翼龙足迹[J].地球学报(S1):3.

马安成,汤虎良,1992.浙江金华全新世大熊猫—剑齿象动物群的发现及其意义[J].古脊椎动物学报,30(4):18.

南京大学,2009.浙江省江郎山风景名胜区丹霞地貌综合科学研究报告[R].衢州市:江郎山国家级风景名胜区管理局.

潘江,1963.中国弓鳍鱼 Sinamia zdanskyi Stensi 在华南地台的发现及其意义[J].古生物学报(1):130-143.

彭华,刘林清,郭福生,2001.浙江江郎山丹霞地貌地质成因分析及景观保护[J].火山地质与矿产,22(2):143-149.

彭善池,2011.寒武系全球江山阶及其"金钉子"在我国正式确立[J].地层学杂志,35(4):393-396.

彭善池,2014.全球标准层型剖面和点位("金钉子")和中国的"金钉子"研究[J].地学前缘,21(2):8-26.

主要参考文献

齐岩辛,张岩,2014.浙江成景花岗岩地质特征[J].科技通报,30(9):20-26.

钱迈平,2000.华夏龙谱(14)——临海浙江翼龙(*Zhejiangopterus linhaiensis*)[J].江苏地质,24(1):62.

钱迈平,2011.华夏龙谱(57)——礼贤江山龙(*Jiangshanosaurus lixianensis* Tang,et al,2001)[J].地质学刊,35(1):72.

钱迈平,2011.华夏龙谱(58)——中国东阳龙(*Dongyangosaurus sinensis* Lu,et al,2008)[J].地质学刊,35(2):159.

钱迈平,2011.华夏龙谱(59)——丽水浙江龙(*Zhejiangosaurus lishuiensis* Lu,et al,2007)[J].地质学刊,35(3):274.

钱迈平,2011.华夏龙谱(60)——始丰天台龙(*Tiantaiosaurus sifengensis* Dong,et al,2007)[J].地质学刊,35(4):385.

钱迈平,2012.华夏龙谱(62)——天台越龙(*Yueosaurus tiantaiensis* Zheng et al,2012)[J].地质学刊,36(1):164.

沙金庚,2000.古老而充满活力的学科:古生物学[M].北京:科学出版社:1-11.

王念忠,金帆,王炜,等,2007.浙江和江西二叠/三叠系界线层上下的辐鳍鱼类化石与鱼类的绝灭,复苏和辐射[J].古脊椎动物学报,45(4):23.

王强,汪筱林,赵资奎,等,2010.浙江天台盆地上白垩统赤城山组长形蛋科一新蛋属[J].古脊椎动物学报,48(2):111-118.

王强,汪筱林,赵资奎,等,2012.浙江天台盆地上白垩统恐龙蛋一新蛋科及其蛋壳形成机理[J].科学通报,57(31):2899-2908.

王强,赵资奎,汪筱林,等,2010.浙江天台晚白垩世巨型长形蛋科一新属及巨型长形蛋科的分类订正[J].古生物学报,49(1):73-86.

王强,赵资奎,汪筱林,等,2013.浙江天台盆地晚白垩世网形蛋类新类型及网形蛋类的分类订正[J].古脊椎动物学报,51(1):43-54.

王鑫,邓霭松,2004.从世界遗产到地质公园[J].中国地质灾害与防治学报,15(2):131-132.

魏丰,1976.浙江金华地区早白垩世鱼化石的新发现[J].古脊椎动物与古人类(3):22-27,77-78.

魏丰,1977.浙江长兴灰岩中扁体鱼化石的发现[J].古生物学报(2):145-177.

吴正,2009.现代地貌学导论[M].北京:科学出版社.

杨涛,武国辉,2007.论地质遗迹资源价值管理[J].矿物学报,27(3):524-529.

叶祥奎,1983.浙江的闭壳龟化石[J].古脊椎动物学报(1):51-53+106.

殷鸿福,张克信,童金南,等,2002.全球二叠系—三叠系界线层型剖面面和点[J].中国基础科学:科学前沿(10):10-23.

尹国胜,杨明桂,马振业,2007."三清山式"花岗岩地质特征与地貌景观研究[J].地质论评,53(B8):19.

詹仁斌,戎嘉余,1995.浙赣边区晚奥陶世腕足动物群落分布型式[J].科学通报,40(10):932-932.

张根寿,2005.现代地貌学[M].北京:科学出版社.

张克信,赖旭龙,童金南,等,2009.全球界线层型华南浙江长兴煤山剖面牙形石序列研究进展[J].古生物学报,48(3):474-486.

张克信,童金南,殷鸿福,等,1996.浙江长兴二叠系—三叠系界线剖面层序地层研究[J].地质学报,70(3):270-281.

张弥曼,1963.中国东南部中鲚鱼的新资料及其系统位置的讨论[J].古脊椎动物与古人类,7(2):11-28.

张蜀康,谢俊芳,金幸生,等,2019.浙江义乌恐龙蛋化石新类型及对南马东阳蛋的修订[J].古脊椎动物学报,57(4):9.

张岩,齐岩辛,2015.临海国家地质公园晚白垩世翼龙及鸟类生存环境分析[J].资源调查与环境,36(2):89-97.

张元动,陈旭,1995.笔石复合标准序列与宏演化-以浙赣边区下奥陶统宁国组上部的笔石研究[J].古生物学报,34(2):250-262.

赵金科,郑灼官,1977.浙西、赣东北早二叠世晚期菊石[J].古生物学报(2):69-106,166-170,180.

赵丽君,卢立伍,2007.浙江长兴早三叠世裂齿鱼类一新属[J].古生物学报(2):96-101.

赵冉,曹书武,2007.善待地球—重视地质遗迹资源的保护与合理开发[J].中国国土资源经济(4):19-21.

赵汀,赵逊,2005.世界地质遗迹保护和地质公园建设的现状和展望[J].地质论评,51(3):301-308.

赵逊,赵汀,等,2003.从地质遗迹的保护到世界地质公园的建立[J].地质论评,49(4):389-399.

赵裕亭,1964.浙江宁国页岩中一个新的多枝笔石[J].古生物学报(4):7.

浙江省地质矿产局,1996.浙江省岩石地层[M].杭州市:浙江省地质资料档案馆.

中国科学院南京地质古生物研究所,2014.中国"金钉子"[M].浙江大学出版社.

3:1-42.

朱诚,彭华,李中轩,等,2009.浙江江郎山丹霞地貌发育的年代与成因[J].地理学报,64(1):21-32.

Budel J,1957. Double surface of leveling in humid tropics[J] Zeitgeomorph, I (2):223-225.

Budel J,1965.The relif types the sheetwash zone of southern Indian on the eastern slope of the Deccan highland towards Madeas[J]Journal of colloquium Feographicum,25(8):93.

Camphell E M,1997. Granite landforms[J]Journal of the Royal Society of western Australian(80):101-121.

Ehlen J,1999.Fracture characteristics in weathered granite[J]Geomorphology(31):29-45.

Li C L,Sun B S ,2011.Geoheritage evaluation and integration development of the Qitai Silicified Wood-Dinosaur National Geopark in Xinjiang. Acta Geoscientica Sinica,32(2),233-240.

Lu J C,Azuma Y,Chen R J, et al, 2008. A New Titanosauriform Sauropod from the Early Late Cretaceous of Dongyang,Zhejiang Province[J]Acta Geologica Sinica,82(2):225-235.

Lu J C,Xing S J , et al, 2007. New Nodosaurid Dinosaur from the late Cretaceous of Lishui,Zhejiang province,China[J]Acta Geologica Sinica,81(3):344-350.

Twidale C R,1986.Granite Landform evolution:Factors and Implications[J]International Journal of Earth Sciences,75(3):769-779.

Twidale C R,1993. The research frontier and beyond:franitic terrains[J]Geomorphology,7(1):187-223.

Twidale C R,1999. Characteristics in weathered granite[J]. Geomorphology(31):29-45

Wu H M,Wu F D,2011. The classification and assessment of geological heritage resources in the Qian'an-Qianxi National Geopark. Acta Geoscientica Sinica,32(5),632-640.

Zhao T,Zhao X, 2009. Geoheritage taxonomy and its application[J]. Acta Geoscientica Sinica,30(3),309-324.

内部参考资料

俞方明,2010.浙江省恐龙化石地质遗迹调查与评价报告[R].浙江省水文地质工程地质大队.

浙江省地质调查院,2001.临海国家地质公园科学考察报告[R].台州市:临海国家地质公园管理处.

浙江省地质调查院,2003.常山国家地质公园建设科学考察报告[R].衢州市:常山国家地质公园管理处.

浙江省地质调查院,2005.长兴煤山剖面自然保护区科学考察报告[R].湖州市:长兴"金钉子"国家级自然保护区管理处.

浙江省地质调查院,2005.遂昌金矿国家矿山公园科学考察报告[R].丽水市:遂昌金矿国家矿山公园管理处.

浙江省地质调查院,2008.缙云县地质遗迹调查与评价报告[R].丽水市:缙云县自然资源和规划局.

浙江省地质调查院,2010.温岭长屿硐天国家矿山公园科学考察报告[R].台州市:温岭长屿硐天国家矿山公园管理处.

浙江省地质调查院,2010.雁荡山世界地质公园地貌及水文地质研究报告[R].温州市:雁荡山世界地质公园管理局.

浙江省地质调查院,2011.浙江省908专项海岛调查地貌与第四纪地质专题调查研究报告[R].杭州市:自然资源部第二海洋研究所.

浙江省地质调查院,2012.浙江省出露型地质遗迹调查评价报告[R].杭州市:浙江省地质资料档案馆.

浙江省地质调查院,2012.浙江省花岗岩地质地貌景观综合研究报告[R].杭州市:浙江省地质资料档案馆.

浙江省地质矿产研究所,2007.永嘉楠溪江地质遗迹调查与评价报告[R].温州市:永嘉县自然资源和规划局.

浙江省地质矿产研究所,2008.仙居国家风景名胜区地质遗迹调查评价报告[R].台州市:仙居县自然资源和规划局.

浙江省地质矿产研究所,2009.景宁县地质遗迹调查评价与保护报告[R].丽水市:景宁县自然资源和规划局.

浙江省地质矿产研究所,2010.磐安大盘山省级地质公园科学考察报告[R].金华市:磐安县自然资源和规划局.

浙江省地质矿产研究所,2014.长兴县地质遗迹调查与评价报告[R].湖州市:长兴县自然资源和规划局.

浙江省地质矿产研究所,2014.台州市椒江区大陈岛地质遗迹调查与评价报告[R].台州市:台州市自然资源和规划局椒江分局.

浙江省第七地质大队,2009.江山市地质遗迹调查与评价报告[R].衢州市:江山市自然资源和规划局.

浙江省第十一地质大队,2012.苍南县地质遗迹调查与评价报告[R].温州市:苍南县自然资源和规划局.

浙江省国土资源厅,1998.浙江山水揽胜[M].杭州市:浙江省地质学会.

浙江省水文地质工程地质大队,2002.新昌县硅化木地质遗迹调查评价报告[R].绍兴市:新昌硅化木国家地质公园管理处.

浙江省水文地质工程地质大队,2007.磐安县地质遗迹调查与评价报告[R].金华市:磐安县自然资源和规划局.

浙江省水文地质工程地质大队,2009.四明山省级地质公园科学考察报告[R].宁波市:余姚市自然资源和规划局.

浙江省水文地质工程地质大队,2010.宁海伍山石窟国家矿山公园科学考察报告[R].宁波市:宁海伍山石窟国家矿山公园管理处.

浙江省水文地质工程地质大队,2010.象山县地质遗迹调查评价与保护报告[R].宁波市:象山县自然资源和规划局.

浙江省水文地质工程地质大队,2010.浙江省恐龙化石地质遗迹调查与评价报告[R].杭州市:浙江省地质资料档案馆.

浙江省温泉资源分级命名和使用单位情况

采矿权人	矿山名称及采矿许可证号	生产规模/($\times 10^4$ m$^3 \cdot$ a^{-1})	级别	温度/℃	达标组分含量/(mg·L^{-1})及命名	探明资源储量/(m$^3 \cdot$ d^{-1})	温泉使用单位
宁海县旅游开发有限公司	宁海县深甽镇3井 C3300002011121110122014	21.03	AAAA	46.0~47.5	偏硅酸 54.0~61.0 氟 8.6~13.0 偏硅酸氟热矿水	950	宁海森林温泉度假村 宁海天明山温泉大酒店 宁海南苑温泉山庄
泰顺县承天氡泉省级自然保护区管理处	泰顺县雅阳镇承天村泉群 C3300002010038110058128	18	AAAA	45.0~51.0	偏硅酸 74.2~106.0 氟 10.1~14.0 偏硅酸氟热矿水	584	温州氢泉承天氡泉旅游开发有限公司 温州大峡谷温泉度假村
浙江省武义温泉旅游开发有限公司	武义溪里水矿DR2井（A管和B管） C3300002010031110059315	100.7	AAA	35.4~42.7	偏硅酸 55.8~72.8 氟 10.0~23.0 偏硅酸氟热矿水	4400	浙江骏达联酒店有限公司"清水湾沁温泉度假山庄"
武义唐风温泉度假村有限公司	武义县塔山风景区WR2井 C3300002008111110001407	16.4	A	32.0	偏硅酸 60.4~68.6 氟 3.07~6.0 偏硅酸氟热矿水	450	武义唐风温泉度假村
绍兴中翔旅游投资有限公司	嵊州崇仁DR8号地热井 C3300002013121110132582	17.52	A	28.5~29.5	偏硅酸 51.6~80 氟 4.40~5.90 偏硅酸氟热矿水	480	中翔绍兴温泉城

附件

续表

采矿权人	矿山名称及采矿许可证号	生产规模/(×10⁴ m³·a⁻¹)	温泉资源分级			温泉使用单位
			级别	温度/℃	达标组分含量/(mg·L⁻¹)及命名	探明资源储量/(m³·d⁻¹)	

采矿权人	矿山名称及采矿许可证号	生产规模/(×10⁴ m³·a⁻¹)	级别	温度/℃	达标组分含量/(mg·L⁻¹)及命名	探明资源储量/(m³·d⁻¹)	温泉使用单位
浙江九峰温泉开发有限公司	金华市婺城区汤溪镇TXRT2井地热矿 C3300002013310111013175 8	36.58	AAA	45.1~45.3	偏硅酸28.7~31.83 氟15.9~18.3 含偏硅酸的氟热矿水	1016	浙江九峰温泉
浙江云澜湾旅游发展有限公司	嘉善县大云镇曹家村嘉热2号地热井 C3300002014051130134518	12.045	AAA	45~45.6	锂1.02~1.24 偏硅酸50.4~54.5 含锂的偏硅酸热矿水	330	云澜湾温泉国际
临安市新都供水有限公司	滩口镇滩口村201井地热矿 C3300002014110110135966	8.65	A	26.4~26.6	氡40~80Bq/L 氟4.6~13.0 含氡的氟热矿水	346	杭州临安滩口众安氡温泉度假酒店
遂昌县湖山萤石矿	遂昌县湖山萤石矿 C3300002009066130025091	10.5	A	37~39	偏硅酸38.6~42.4 氟3.3~4.6 含偏硅酸的氟热矿水	350	遂昌红星坪温泉度假村
嘉兴市高等级公路投资有限公司	嘉兴市秀洲区新塍镇运河农场运热1号地热井 C3300002015081110139325	50	AAA	62.4~64.3	氟4.7~8.49 氟热矿水	2000	嘉兴清池温泉

续表

采矿权人	矿山名称及采矿许可证号	生产规模/($\times 10^4$ m³·a⁻¹)	温泉资源分级			探明资源储量/(m³·d⁻¹)	温泉使用单位
			级别	温度/℃	达标组分含量/(mg·L⁻¹)及命名		
建德市新安旅游投资有限公司	建德市成寿昌镇西桂花村寿2号、寿5号地热矿区 C3300002015121110140834	24.22	寿2号 A	27~27.8	硫化氢 3.54~10.71 氟 6.69~13.29 硫氟热矿水	215	新安江玉温泉（试运营）
			寿5号 AA	38.7~40.1	氟 6.52~11.62 偏硅酸 28.9~40 锂 4.49~4.86 含锂的氟热矿水	650	
仙居县神仙温泉旅游开发有限公司	仙居县大战乡下应 DR1 号井地热矿 C3300002016011110141586	15	A	33.2~33.5	氟 16.6~18 偏硅酸 41.6~53 锂 1.19~1.3 含锂的氟热矿水	500	神仙湾仙汤温泉（试运营）
浙江省东阳市矿业有限责任公司	浙江省东阳市横店镇忠信堂地热矿 C3300002016121110143450	8.04	A	27.3~28.5	氟 5.1~5.66 偏硅酸 37.5~42.1 含偏硅酸的氟热矿水	321.69	横店影视花木山庄温泉度假区

续表

采矿权人	矿山名称及采矿许可证号	生产规模/($\times 10^4$ m³·a⁻¹)	温泉资源分级				温泉使用单位
			级别	温度/℃	达标组分含量/(mg·L⁻¹)及命名	探明资源储量/(m³·d⁻¹)	
余姚阳旺温泉山庄实业有限公司	浙江省余姚市陆埠镇南雷村阳明温泉山庄地热矿 C3300002017011110143705	8.75	AA	34～36	氟9.05～14.8 偏硅酸30.5～45.5	350	阳明温泉山庄
宁波三立置业有限公司	象山县东海铭城地热矿 C3300002017081110144899	10	AAAA	50.4～58.1	氟14～14.8 偏硅酸50.7～55.2 氡36.7～68Bq/L	400	象山源之圆温泉馆
合计		357.435				13 342.69	

注：统计时间截至2018年2月。

后记

《美丽浙江·地质环境资源》由浙江省地质调查院编写，以宣传浙江省地质环境资源特色和开发利用成效为目的。由浙江省自然资源厅相关处室、浙江省地质调查院相关负责人和资深专家组成，指导、组织、协调本书稿的编辑工作。浙江省地质调查院地质环境项目组成立编辑部，下设编写组，编写组负责该书稿的编写工作。2015年5月，浙江省国土资源厅组织召开《美丽浙江·地质环境资源》科普图书编纂统筹会议，确定图书编写大纲，并明确编写的人员安排和任务分工等。2019年4月，浙江省自然资源厅组织召开《美丽浙江·地质环境资源》编审、评审会议，审议认为本书达到"科学准确、图文并茂、通俗易懂、趣味生动"的预期目标。会后，编辑部认真归纳总结专家意见，补充和更新了部分资料，并对全文进行了校核。

本书编纂全过程采用拆分章节任务的方式，具体分工如下：王孔忠任编写组组长；前言由万治义、张岩编写；概述由齐岩辛、梁灵鹏编写；自然遗产由胡艳华、潘涛编写；地质公园由齐岩辛、陈美君编写；矿山公园和地质遗迹自然保护区由万治义、胡艳华编写；古生物化石由张岩、黄卫平编写；温泉由林清龙、彭振宇编写；全书由胡济源、万治义、潘涛统稿。本书的撰写凝聚了众多人员的心血，在此，我们对为编写本书付出辛劳和给予帮助的人员表示感谢。

本书的编写还得到浙江省有关区市和县级自然资源主管部门、旅游局和各地质公园、矿山公园、地质遗迹自然保护区管理部门的大力支持，他们为本书提供了大量宝贵的文字资料和精美图片，并提出了宝贵的建议，在此对给予支持和帮助的单位和个人表示忠心感谢！并在此声明，本书所用照片或图件，除部分已标注作者或拍摄者外，其他均由对应自然保护地或自然资源主管部门提供，其亦属相关部门或个人所有，如有相关内容侵权，请联系作者。

该书集科学性、美学性、趣味性、知识性于一体，是一本普及地学知识、宣传地质环境资源美丽，将美丽地质融入书辞之中的精品图文科普读物；希望该书的出版能为社会展示美丽的浙江印记。由于撰稿人能力有限，加上编写本书周期长，相关信息陈旧，语言的表达、词汇的定义、图件的绘制等也存在不妥之处，敬请谅解。

后　记

　　时逢时代发展突飞猛进,社会变化千姿百态,随着地球科学研究的不断深入,地学知识的大力普及和广泛传播,生态环境保护发生着革命性的转变,未来的地质环境保护与开发也将发生翻天覆地的变化,将由一代又一代的地质人担负历史使命,走出一条具有特色的地质环境发展之路。